중1이 알아야 할

수학의
절대지식

중1이 알아야 할
수학의
절대지식

| 꼼지샘 **나숙자** 지음 |

북스토리

햇살 좋은 어느 날 영주 부석사에서의 일이다. 십여 명 정도 되는 학생들이 땅바닥에 앉아 가이드의 설명을 듣고 있었다. 아이들의 집중도가 남달라 관심을 갖고 지켜보니 가이드의 말솜씨가 상당했다. 어찌나 이야기를 맛깔나게 버무려내는지 아이들뿐만 아니라 여행객들의 발길도 자연스레 멈추었다.

흥미로운 옛날이야기가 몇 가지 더해졌다고 지루하기 십상인 역사적 사실들이 귀에 쏙쏙 들어오다니. 깜짝 놀랄 일이었다. 문득 나의 학창시절이 떠올랐다. 중고등학생 시절 나는 역사를 싫어했다. 역사 하면 주입식 암기가 자연스레 떠올랐던 탓이다. 갑오경장이니 갑신정변이니, 비슷하고 어려운 이름들이 어찌나 많이 등장하는지 교과서만 보면 한숨이 나왔던 기억이 선명하다.

아쉬운 생각이 들었다. 만약 당시의 역사 교육이 저 가이드의 입담처럼 재밌었다면 어땠을까? '재미있는 이야기 옷을 입은 역사를 만났더라면……' 하고 상상의 나래를 펼쳐 본다. 나는 분명 지금보다 훨씬 역사를 좋아할 수 있었을 것이고, 내 기억에 남아 있는 역사 상식들도 지금처럼 빈곤하지는 않았을 것 같다.

이러한 아쉬움이 따라다니고 있을 당시에 나는 수학 교사였다. 재미있고 효과적인 교육 방법에 대한 관심은 자연스레 즐거운 수학 수업의 가능성에 대한 고민으로 귀결되었다. 내가 역사를 싫어했던 것처럼 수학을 싫어하고 어려워하는 아이들이 참 많았다. 아이들에게 수학의 참맛을 알려주고 싶었다. 영주 부석사에서 가이드의 설명을 듣다가 '아!' 하고 무릎이 쳐졌다. 재미있는 역사 이야기처럼 재미있는 수학 이야기를 들려준다면 어떨까? 이때부터 나는 수학에 이야기를 덧입히기 시작했다.

아이들의 반응은 놀라웠다. 수학 시詩를 만들고 수학 만화를 그리면서 아이들은 수학에 대한 관심과 이해를 키워 갔다. 교사로서 참으로 근 보람을 느꼈던 당시의 수업들은 이후 좋은 기회를 만나 글로 옮겨졌고, 〈친절한 수학(도형) 교과서 시리즈〉라는 이름으로 책이 되어 나왔다.

그리고 8년의 세월이 흐른 뒤 북스토리 출판사로부터 '중학생이 알아야 할 수학의 모든 것'에 대한 원고를 써달라는 청탁을 받게 되었다. 처음에는 이미 나와 있는 책으로 충분할 것 같아 거절했다가 개정된 교과 과정에 맞추어 학년별, 교과서 순으로 이야기를 엮어 보자는 말에 새로운 책이 빛을 보게 되었다.

이렇게 시작하게 된 이 책의 특징은 다음과 같다.

1. 새로운 교육과정에 맞추어 학년별, 주제별, 교과서 순으로 전개했다.
2. 공식을 무조건 외우게 하는 것이 아니라, 스스로 만들어보고 적용하는 방법을 제시했다.
3. 수학 용어에 대한 개념과 원리를 꼼꼼하게 설명했다.
4. 주먹구구식이 아니라 논리에 이야기를 입혔다.
5. 수학의 전체 모습을 보여주기 위해 애썼다.

이 책은 크게 7개의 마당, 즉 자연수와 소인수분해, 정수와 유리수, 문자와 식, 함수, 통계, 기본도형, 평면도형과 입체도형으로 나누었는데, 이러한 구성은 중학교 1학년 교과서의 체계를 따른 것이다.

내용을 전개할 때는 교과서의 순서에 따라 주제별로 정리했고, 그중에 중1 교과서에 있는 내용이면서 반드시 알아둬야 하거나 개념을 분명하게 해두고 싶은 것은 **교과**에, 수학의 전체 모습을 보기 위해 필요한 여러 이야기는 **융합**에 담아됐다.

따라서 이 책을 교과서 옆에 챙겨 두고 학교 수업 진도에 맞추어 함께 읽어 나가다 보면 수업 시간에 놓친 부분을 다잡고 부족한 수학 개념에 대한 이해를 보충할 수 있을 것이다. 중요 개념을 쉽게 설명하고자 한 필자의 노력이 이 책을 읽는 어린 독자들의 수학 공부에 꼭 필요한 도움으로 이어질 것이라 믿어 의심치 않는다.

　또 학생들 외에 자녀 교육을 스스로 챙기고자 하는 학부모님들께도 이 책을 권하고 싶다. 수학을 어렵다고 느끼는 분일수록 꼭 한 번 읽어보시라. 나이가 들수록 암기력은 떨어지나 이해력은 높아지니 이 책을 통해 지루하고 재미없다는 수학에 대한 편견을 한 번에 날려 보낼 수 있을 것이다. 온 가족이 둘러앉아 수학에 관한 대화의 장을 넓혀 간다면 그보다 효과적인 교육법이 있을까 싶다. 부모의 관심만큼 아이들의 수학에 대한 흥미도 한층 자라날 것이다.

　마지막으로 이 책이 나오기까지 열성을 다해 격려해준 남편과 아이디어를 제공해준 두 딸, 특히 비문을 고쳐주고 예쁘게 다듬어준 둘째 딸 상희에게 고마움을 전하고 싶다.

나숙자

첫째 마당 자연수와 소인수분해

둘째마당 정수와 유리수

문자와 식

넷째마당 함수

다섯째 마당 통계

여섯째 마당 기본도형

일곱째 마당 평면도형과 입체도형

첫째
마당

자연수와
소인수분해

23479=53X443

10000보다 작은 소수는?

1029

2X2X5X5

첫째 마당

자연수와 소인수분해

약속으로부터 **출발한 수학**

"하나에 하나를 더하면 하나이다."

참일까? 거짓일까?

수에 익숙한 친구들이라면 당연히 거짓이라고 외칠 것이고, 엉뚱한 친구들은…… 음…… 에디슨처럼 의문을 가질지도 모르겠다.

세계에서 가장 많은 발명을 남긴 에디슨은 "1＋1＝2"라는 선생님의 설명에 "선생님! 찰흙 한 덩이와 찰흙 한 덩이를 합치면 찰흙 한 덩이가 되잖아요. 그런데 왜 1＋1＝1이 아니고 1＋1＝2이지요?"라며 의문을 제기했다고 한다.

자, 그렇다면 우리가 선생님이 되어 에디슨에게 1＋1＝2라는 사실을 이해시키려면 어떻게 설명해야 할까?

훌륭한 선생님이라면 하나에 하나를 더해서 둘이 되는 수식이 1+1=2
인 것은 수학에서의 약속이라고 먼저 이야기할 것이다.

그리고 또 친절하게 설명을 덧붙일 것이다. 현실에서는 물 한 방울에
물 한 방울을 섞었을 때 커다란 물 한 방울이 되는 것처럼 하나에 하나를
더하여 하나가 되는 1+1=1인 경우도 있다고 말이다. 어쨌든 1+1=2
인 것은 수학에서의 약속이고, 현실에서는 얼마든지 1+1=1일 수도 있
고, 때로는 1+1=0일 수도 있다.

수학에는 이 같은 약속 말고도 '모든 수는 0으로 나눌 수 없다'거나 '약
수는 자연수에서만 생각하기로 하자'와 같은 수많은 약속이 있다. 그렇
다고 약속하기가 수학에만 있는 것은 아니다.

예를 들어 보자. 일상생활에서 우리는 신호등이 녹색일 때 횡단보도를

건넌다. 만약 우리가 신호등의 약속을 무시한다면 참으로 큰 혼란을 겪을 것이다. 우리는 이처럼 서로가 약속을 지켜야 한다는 사실을 알고 있고 실제로 그 약속을 지키기 위해 노력한다. 정해놓은 약속을 잘 지킬 때 건강한 사회가 만들어지기 때문이다. 마찬가지로 수학에서 약속을 기본으로 삼는 이유도 앞뒤가 일치하지 않는 모순을 피해 질서 있고 조화로운 수학 세계를 만들어 나가기 위해서이다.

물론 수학에서의 약속 1＋1＝2를 앞세워 에디슨의 엉뚱한 생각을 우스운 것으로 몰아가서는 안 된다. 우리 친구들도 잘 알고 있겠지만 놀라운 변화의 시작은 고정적 사고가 아니라 엉뚱한 상상, 유연한 사고에서 시작되기 때문이다. 그러므로 수학을 공부할 때 당연한 것에 대한 의문을 가져 보자.

혹시 아는가, 그러한 궁금증에서 놀라운 것을 발견할지! 그렇게 하다 보면 지루하게 생각되는 수학도 한층 즐거워질 것이다.

약수에 대한 약속

우리는 앞서 수학의 기본이 약속으로 이루어져 있다는 사실을 알게 되었다. 그렇다면 수학에서의 약속은 '1＋1＝2이다'뿐일까? 물론 아니다. 수학에는 이 같은 약속 말고도 '모든 수는 0으로 나눌 수 없다'거나 '약수는 자연수에서만 생각하기로 하자'와 같은 수많은 약속이 있다고 했다.

여기서 그 가운데 하나, '약수는 자연수에서만 생각하기로 하자'를 살펴보자.

우리 친구들은 초등학교 때 이미 '약수'가 무엇인지 배웠다. '정말?' 하고 의문이 들더라도 기억을 더듬어 보자. 예를 들어 행운의 숫자 7의 약수가 1과 7이라는 점에서 우리는 약수에 대한 어떤 사실을 알 수 있을까? 바로 약수란 어떤 수를 나누어떨어지게 하는 수, 즉 곱셈을 통해 특정한 수를 만드는 데 참여한 수라는 것을 알 수 있다.

다른 수에도 적용해 보자. 곱셈을 하여 10이 되는 수를 살펴보면 1×10, 2×5임을 알 수 있다. 이런 식으로 곱셈을 하여 값이 10이 되는 데 참여하는 수인 1, 2, 5, 10은 10의 약수가 된다.

참으로 뻔한 이야기라고? 그렇다면 어디 뻔하지 않은 생각 좀 해보자. 에디슨처럼 말이다. 정말 곱셈을 하여 그 값이 10이 되는 수가 1, 2, 5, 10뿐일까? 청개구리 기질이 있는 친구들이라면 금세 다른 수를 찾아낼 것이다.

$$10 = \frac{1}{2} \times 20$$

$$10 = \frac{1}{3} \times 30$$

$$10 = 0.1 \times 100$$

$$10 = 0.2 \times 50$$

$$\vdots$$

이런 식이라면 곱셈을 하여 그 값이 10이 되는 데 참여한 숫자들은 1, 2, 5, 10 말고도 $\frac{1}{2}$, 20, $\frac{1}{3}$, 30, …처럼 끝없이 찾아질 것이다. 하지만 우리가 알고 있는 10의 약수는 1, 2, 5, 10뿐이다. 그럼 여기서 우리가 떠올려야 할 것은? 수학에서의 약속이다.

중학교 수학에서는 '약수는 자연수 범위 내에서만 생각하기로 하자'라고 약속해 두었다. 그렇기 때문에 자연수가 아닌 $\frac{1}{2}$, $\frac{1}{3}$, 0.1, 0.2, …를 이용한 곱셈식을 내밀어 10의 약수는 1, 2, 5, 10 외에도 $\frac{1}{2}$, $\frac{1}{3}$, 0.1, 0.2, …처럼 무수히 많다고 말하면 안 되는 것이다. 약속에 따라 $\begin{pmatrix} 10 = 1 \times 10 \\ 10 = 2 \times 5 \end{pmatrix}$처럼 자연수의 곱셈식만 생각해야 한다. 따라서 10의 약수는 1, 2, 5, 10뿐이다.

참고로 '자연수 범위에서만 생각하기로 하자'는 약속은 약수뿐만 아니라 배수, 소수에서도 마찬가지이다. 따라서 약수, 배수, 소수를 생각할 때는 자연수를 벗어나면 안 된다.

교과 소수는 자연수에서 태어난 수이다

성性을 기준으로 나누면 사람을 여자, 남자가 있고, 혈액형을 기준으로 나누면 A형, B형, O형, AB형이 있다. 이러한 구분 외에도 생애를 기준으로 유년기, 청년기, 장년기, 노년기 등으로 분류할 수도 있다. 이처럼 똑같은 대상이라 할지라도 그 기준을 어디에 두느냐에 따라 다양하게 분류할 수 있다면 자연수는 어떻게 분류할 수 있을까?

짝이 있느냐 없느냐에 따라 짝수, 홀수로 분류할 수 있고, 3으로 나누었을 때 나머지에 따라 나머지가 0인 수, 나머지가 1인 수, 나머지가 2인 수로 분류할 수도 있다. 또 약수의 개수를 기준으로 분류할 수도 있는데 그때는 1, 소수prime number, 합성수로 분류된다.

이처럼 똑같은 대상을 다양한 방법으로 분류하는 이유는 뭘까?

그것은 기준을 정해서 끼리끼리 분류해 두면 뭔가 가닥이 잡힐 뿐만 아니라 원래의 것을 연구하는 데도 크게 도움이 되기 때문이다. 예를 들어 사람을 통째 생각할 때는 몰랐다가도 여자, 남자로 나누어 각각을 연구해 보면 원래 사람의 성격이 어떤지 금방 윤곽이 드러난다. 자연수도 마찬가지이다. 약수의 개수를 기준으로 분류된 소수를 알면 우리는 그 소수를 품고 있는 자연수에 대해 좀 더 많은 것을 알 수 있다.

그렇다면 '소수'란 무엇일까? 소수란 다음 그림과 같이 1을 제외하면 오로지 자신의 수로만 나누어떨어지는 수이다.

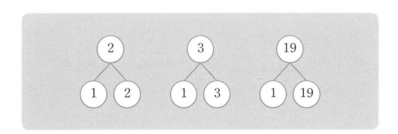

따라서 소수는 1보다 큰 자연수 중에서 1과 자기 자신만을 약수로 가지는 수이다.

예를 들어 소수 2의 약수는 1과 2뿐이고, 소수 3의 약수는 1과 3, 소수 19의 약수는 1과 19인 것처럼 모든 소수의 약수의 개수는 2개뿐이다. 이외에도 5, 7, 11, 13,…도 소수이다.

따라서 어떤 수가 소수인지 아닌지를 구분하고 싶다면 그 수가 어떤 수로 나누어떨어지는지부터 알아보면 된다. 이때 나누어떨어지게 하는 수의 이름이 약수이므로 그 수의 약수가 무엇인지부터 알아보면 소수인지 아닌지 금방 찾아낼 수 있다.

또한 4, 6, 8, 9, …와 같이 1도 아니고 소수도 아닌 자연수를 '합성수'라고 한다.

이때 소수와 합성수는 1보다 큰 자연수에서 생각하기로 하자고 약속해 두면 1보다 큰 자연수는 소수 아니면 합성수로 분류할 수 있다. 따라서 1은 소수도 아니고 합성수도 아니다.

참고로 자연수는 약수의 개수에 따라 다음과 같이 분류한다.

$$\text{자연수} \begin{cases} 1 : \text{약수 1개} \\ \text{소수}(2, 3, 5, 7, 11, \cdots) : \text{약수 개수가 2개인 수} \\ \text{합성수}(4, 6, 8, 9, 10, \cdots) : \text{약수 개수가 3개 이상인 수} \end{cases}$$

자연수의 바탕이 되는 수가 소수이다

우리 친구들은 물질을 쪼개고 또 쪼개면 맨 마지막에 무엇이 남을지에 대해 궁금증을 가져 본 적이 있는가? 만약 그런 궁금증을 가져 본 친구가 있다면 고대 그리스의 철학자 중에도 같은 궁금증을 가진 철학자가 있었다는 점을 알려 주고 싶다. 기원전 400년경의 철학자인 데모크리토스는 '세계는 무엇으로 이루어져 있는가'라는 질문에 세계를 구성하는 근원적 입자를 제시하고 더 이상 쪼개지지 않는 근원적 입자에 '원자原子, atom'라는 이름을 붙였다.

이 재밌는 발상을 자연수에 적용해 보자. 데모크리토스가 물질을 쪼개고 쪼갠 것처럼 자연수를 쪼개고 쪼개면 무엇이 남을까?

다음 표를 보면 1을 제외한 모든 자연수는 자신이 소수이거나 아니면 소수의 곱으로 이루어져 있다는 것을 확인할 수 있다.

자연수	소수 또는 소수의 곱
2	2
3	3
4	2×2
5	5
6	2×3
7	7
8	$2 \times 2 \times 2$
9	3×3
10	2×5
…	…
100	$2 \times 2 \times 5 \times 5$
…	…

tip

합성수를 쪼개고 쪼개면 결국 소수만 남아.

여기서 우리는 1을 제외한 모든 자연수는 쪼개고 쪼개다 보면 결국 소수만 남는다는 것을 알 수 있다. 따라서 자연수를 이루는 가장 작은 단위는 소수이다. 때문에 우리나라에서는 약수가 2개뿐인 수를 바탕소素를 써서 '바탕이 되는 수', 즉 素數소수라 부른다. 결국 수의 바탕은 자연수이고 자연수의 바탕은 소수인 셈이다. 따라서 소수는 자연수를 이해하는 데 가장 기본이 되는 수이다.

　참고로 수학에서 등장하는 소수는 지금까지 살펴본 2, 3, 5, 7, …처럼 약수가 2개뿐인 소수만을 지칭하지는 않는다. 친구들이 잘 알다시피 소수에는 약수가 2개뿐인 소수 외에도 0.2, 0.03, …처럼 1보다 작은 소수도 있기 때문이다. 물론 이 두 소수는 한자 표기가 서로 다르다. 예를 들어 우리가 알고 있는 '배'에도 '배나무의 열매'라는 의미와 '사람이나 짐 따위를 싣고 물 위를 떠다니는 교통수단'의 의미가 있는 것처럼 말이다.

 ## 교과 에라토스테네스의 체가 고마운 이유

　100보다 작은 소수를 찾아보면 2, 3, 5, 7, 11, 13, 17, 19, …, 97로 정확히 25개이다. 그렇다면 이와 같은 소수는 어떻게 하면 쉽게 찾을 수 있을까?

　놀랍게도 고대 그리스의 수학자 에라토스테네스는 기원전 300년경, 그러니까 지금으로부터 무려 2,300여 년 전에 자연수 중에서 소수만을 가려내는 아주 쉬운 방법을 고안해 내었다.

　그의 생각을 따라가 보자.

2의 배수 중 2를 제외한 수 4, 6, 8, …은 ②×2, ②×3, ②×4, … 와 같이 1과 자기 자신 이외에 2를 반드시 약수로 가진다. 그렇기 때문에 2의 배수 중 2를 제외한 수 4, 6, 8, …은 소수가 아니다. 같은 방법으로 생각하면 3을 제외한 3의 배수 6, 9, 12, … 또한 1과 자기 자신 이외에 3을 반드시 약수로 가지므로 소수가 아니다.

이 같은 에라토스테네스의 생각을 정리하면 다음과 같다.

1. 1은 소수가 아니므로 지운다.
2. 소수 2는 남기고, 2의 배수를 모두 지운다.
3. 소수 3은 남기고, 3의 배수를 모두 지운다.
4. 소수 5는 남기고, 5의 배수를 모두 지운다.
5. 소수 7은 남기고, 7의 배수를 모두 지운다.

1̶	②	③	4̶	⑤	6̶	⑦	8̶	9̶	1̶0̶
⑪	12	⑬	14	15	16	⑰	18	⑲	20
21	22	㉓	24	25	26	27	28	㉙	30
㉛	32	33	34	35	36	㊲	38	39	40
41	42	㊸	44	45	46	㊼	48	4̶9̶	50

이와 같은 방법으로 계속하여 지워 나가다 보면 결국 소수 2, 3, 5, 7, 11, 13, 17, 19, 23, 29, 31, 37, 41, 43, 47만 남는다. 이런 방법으로 소수를 찾는 것은 마치 음식물을 체에 거르는 것과 같다고 해서 '에라토스테네스의 체'라고 부른다.

여전히 복잡하게 느껴진다면 몇 번이고 반복해서 읽어 보고 스스로 에라토스테네스의 방법대로 소수를 찾아보자. 몇 번 연습해 보면 소수를 찾기 위해 주먹구구식으로 애쓸 필요가 없다는 점에서 그에게 감사 인사를 전하고 싶을 것이다. 고맙다, 에라토스테네스! 우리 친구들이 앞으로 공부하면서 만나게 될 소수는 에라토스테네스의 체로 걸러진 소수들이다.

 소수는 무한히 많다?

50보다 작은 소수는 15개다.

100보다 작은 소수는 25개다.

150보다 작은 소수는 35개다.

200보다 작은 소수는 46개다.

250보다 작은 소수는?

아이코, 53개다.

10000보다 작은 소수는?

글쎄다.

이처럼 수가 점점 커질수록 에라토스테네스의 체를 이용해서 소수를 구하기는 무리이다.

그렇다면 이 세상에는 소수가 몇 개쯤 있을까?

에라토스테네스보다 좀 전에 태어난 고대 그리스의 수학자 유클리드는 '소수의 개수는 무한하다'는 것을 자신의 저서 『기하학 원본』에서 증명했다. 유클리드는 어떤 생각으로 소수의 개수는 무한하다고 했을까?

그의 생각은 의외로 간단하다.

이미 알고 있는 소수를 이용하면 얼마든지 새로운 소수를 만들어 낼 수 있고, 또 그렇기 때문에 소수는 무한하다는 것이다. 이것은 마치 아무리 큰 자연수를 알고 있다 하더라도 그 수보다 1이 큰 자연수를 만들 수 있기 때문에 자연수는 무한하다는 것과 같은 논리이다.

그렇다면 이미 알고 있는 소수를 이용하여 어떻게 새로운 소수를 만들어 낼 수 있을까?

유클리드에 따르면 새로운 소수는 우리가 이미 알고 있는 소수들을 몽땅 곱한 수에 1을 더한 값에서 발견된다. 예를 들어 우리가 익히 알고 있는 소수 2, 3, 5, 7로 새로운 소수를 만들어 보자. 유클리드의 말에 따라 각 소수를 몽땅 곱해 1을 더하면 211이 된다. 그런데 확인해 보면 실제로 $2 \times 3 \times 5 \times 7 + 1 = 211$은 소수이고, 2, 3, 5, 7과 다르므로 유클리드의 생각이 맞다.

오오, 신기하고 재밌다.

소수 2, 3, 5, 7, 11, 13으로 또 해보자!

몽땅 곱해서 1을 더하면 $2 \times 3 \times 5 \times 7 \times 11 \times 13 + 1 = 30031$이다. 이 안에 2, 3, 5, 7, 11, 13과 다른 새로운 소수가 있을까? 30031은 211과 달리 소수가 아닌 합성수이다. 이때 합성수 30031은 $30031 = 59 \times 509$처럼 소인수분해되고, 소인수 59, 509는 이미 알고 있는 소수 2, 3, 5, 7, 11, 13과는 전혀 다른 새로운 소수이다. 따라서 유클리드의 생각이 맞다.

이렇게 아무리 큰 소수를 발견하더라도 그것들을 몽땅 곱한 뒤 1을 더한 수 속에서 새로운 소수가 발견된다면 어떤 결론이 튀어나올까? 유클리드가 자신의 저서에서 주장한 것처럼 가장 큰 소수는 존재할 수 없으므로 소수의 개수는 무한할 수밖에 없다.

융합 새로운 소수를 찾아라

유클리드 덕분에 새로운 소수를 찾는 일이 아주 간단해졌다. 이미 알고 있는 소수를 몽땅 곱해서 1을 더하기만 하면 '짜잔!' 하고 새로운 소수가 나타난다. 참으로 놀라운 발견이다. 뭐가 그리 놀랍냐고? 다음의 표를 보자.

$$
\begin{array}{ccccccc}
2 \xrightarrow{1} & 3 \xrightarrow{2} & 5 \xrightarrow{2} & 7 \xrightarrow{4} & 11 \xrightarrow{2} & 13 \xrightarrow{4} & 17
\end{array}
$$

$$
\cdots\cdots\cdots\cdots 61 \xrightarrow{6} 67 \xrightarrow{4} 71 \cdots\cdots\cdots\cdots
$$

$$
\cdots\cdots\cdots\cdots 181 \xrightarrow{10} 191 \xrightarrow{2} (193)
$$

표에서 확인할 수 있듯이 소수의 배열은 아주 불규칙하다. 때문에 주먹구구식으로 소수를 찾아내는 일은 쉽지 않다. 하지만 우리 친구들은 이제 유클리드의 소수 찾기 방법을 사용해 소수를 쉽게 발견할 수 있지 않은가!

그렇다면 수학에서 소수 찾기 문제는 유클리드가 모두 해결한 것일까? 불행히도 그렇지 않다. 우리 친구들이 좋아하는 게임에서도 하나의 퀘스트를 수행하면 다음 퀘스트가 기다리고 있듯 소수 찾기에서도 유클리드가 해결하지 못한 문제가 우리를 기다리고 있다.

이제 그 문제가 무엇인지 다시 한 번 유클리드의 소수 찾기 방법을 사용해 알아보자.

2는 소수이다.

이때 알고 있는 소수는 2, 1개뿐이므로 몽땅 곱해도 2이다. 따라서 1을 더한 수는 3이고, 3은 소수이다. 즉 3은 2와 다른 새로운 소수이다. 이로써 우리가 알고 있는 소수는 2, 3으로 2개이다.

이때 두 소수 2, 3을 몽땅 곱해서 1 더한 수는 7이고, 7은 소수이다. 이로써 우리가 알고 있는 소수는 2, 3, 7이고 3개이다.

이 세 소수 2, 3, 7을 몽땅 곱해서 1을 더한 수는 $2 \times 3 \times 7 + 1 = 43$이고, 43은 소수이다. 따라서 우리가 알고 있는 소수는 2, 3, 7, 43으로 모두 4개이다.

또 이 소수 4개를 몽땅 곱하여 1을 더한 수는 $2 \times 3 \times 7 \times 43 + 1 = 1807$

이다. 그런데 1807은 소수가 아니라 합성수이다. $1807=13\times139$처럼 소인수분해할 수 있기 때문이다. 이때 새로운 소수는 13과 139이므로 작은 소인수 13을 택하면 우리가 알고 있는 소수는 2, 3, 7, 43, 13으로 모두 5개이다.

이 5개의 소수 2, 3, 7, 43, 13을 몽땅 곱하여 1을 더한 수는 $2\times3\times7\times43\times13+1=23479$이고, 23479는 $23479=53\times443$처럼 소인수분해가 되는 합성수이다. 그런데 잠깐 생각해 보자. 소수들의 곱에 1을 더해서 얻은 수 23479를 쉽게 소인수분해할 수 있는지 말이다.

아, 막막해 보인다. 연습장이 까맣게 될 때까지 열심히 계산해 보아도 소인수분해하기가 쉽지 않다. 이처럼 소수들의 곱에 1을 더해서 얻은 수가 커지면 커질수록 소인수분해하기가 만만치 않고, 또 설령 소인수분해할 필요 없는 소수가 나온다 하더라도 그 수가 소수인지 합성수인지 알 수 없기 때문에 어렵기는 마찬가지이다.

이렇게 마법 같은 유클리드의 소수 찾기 방법으로 찾은 소수는 모두 몇 개쯤 될까? 현재까지 구해진 소수는 모두 51개라고 한다.

2, 3, 7, 43, 13, 53, 5, 6221671, 38709183810571, …, 59, 31, 211. 으흑 51개라. 그렇다면 이 51개의 소수를 몽땅 곱해서 1을 더하면 또 다른 소수가 등장할까? 그렇다. 그것이 바로 유클리드 방법으로 찾는 52번째 소수일 것이다. 하지만 소수들의 곱에 1을 더한 수가 클 경우 소인수분해하는 일이 만만치 않기 때문에 언제쯤 확인할 수 있을지 모르겠다. 우리 친구들이 도전장을 내밀어 보기 바란다.

지금까지 발견한 가장 큰 소수는 메르센 소수이다

소수 중에 짝수는 오직 2 하나뿐이다. 이 말은 2를 제외한 다른 소수는 모두 홀수라는 것이다. 따라서 소수가 되기 위해서는 무엇보다 우선 홀수여야 한다.

그렇다고 모든 홀수가 소수는 아니다. 9, 15, 21, …과 같은 수는 홀수이면서도 소수가 아니기 때문이다. 따라서 홀수 중에 특별한 수만이 소수임을 알 수 있다.

그렇다면 어떤 특별한 홀수가 소수일까?

안타깝게도 아직까지 어떤 홀수가 소수인지 알 수 있는 일반화된 공식은 밝혀진 바 없다. 하지만 17세기 프랑스의 성직자이자 수학자였던 메르센이 소수를 찾는 방법에 대한 새로운 실마리를 발견했다. 메르센이 발견한 소수 찾는 방법에 대해 살펴보자.

2^1, 2^2, 2^3, 2^4, …, 2^n은 2의 거듭제곱으로 모두 짝수이다. 짝수보다 1 작은 수는 홀수이므로 2^1-1, 2^2-1, 2^3-1, 2^4-1, 2^n-1은 모두 홀수이다. 이때 이 홀수 중에는 다음과 같이 소수가 있다는 것이다.

$$2^2-1=3$$
$$2^3-1=7$$
$$2^5-1=31$$
$$2^7-1=127$$
$$\vdots$$

메르센은 이와 같은 2의 거듭제곱에서 1을 뺀 값들 중에서 몇몇 수가 소수라는 사실에 주목하였다. 이후 사람들은 2^n-1꼴의 수를 '메르센 수'라고 불렀으며 메르센 수 중에서 소수가 되는 수를 '메르센 소수'라고 불렀다. 예를 들어 다음은 메르센 소수이다.

$$2^2-1=3$$
$$2^3-1=7$$
$$2^5-1=31$$
$$2^7-1=127$$
$$\vdots$$

즉 2^n-1이 소수일 때 메르센 소수가 되는 것이다. 하지만 2^4-1, 2^6-1, …은 메르센 수일 뿐, 메르센 소수는 아니다. 이처럼 거듭제곱을 통해 만들어진 메르센 소수는 기하급수적으로 커지기 때문에 현재 발견한 것 중 가장 자릿수가 큰 소수들은 대부분 메르센 소수가 차지하고 있다. 그러니까 좀 더 큰 소수를 발견하고 싶은 친구들은 메르센 수 중에서 소수를 찾는 것이 가장 유리할 듯싶다.

참고로 소수는 무한하기 때문에 가장 큰 소수란 있을 수 없다, 대신에 '현재까지 발견된 소수 중에서'라는 수식어와 함께 2013년에 발견된 메르센 소수는 $2^{57885161}-1$로 17425170자리에 이른다고 한다.

소수도 아니고 합성수도 아닌 자연수가 존재할까?

신도 아니고 인간도 아닌 존재가 있을까? 신과 인간의 차이를 영원한 삶의 가능성 여부로 판단한다면 신도 인간도 아닌 존재로 흡혈귀나 늑대 인간 정도를 떠올릴 수 있겠다. 늙지도 죽지도 않는 상상 속 존재들 말이다!

상상의 나래를 실컷 펼쳐 보았다면 수 세계에서도 소수도 아니고 합성 수도 아닌 자연수가 존재하는지 한번 알아보자.

자연수 중에 2, 3, 5, 7과 같은 수는 1과 자기 자신만을 약수로 가진 수, 즉 약수가 오로지 2개뿐인 수로 그 수의 이름은 소수라는 것을 이야 기했다.

또 자연수 중에 4, 6, 8, …처럼 약수의 개수가 3개 이상인 수의 이름은 합성수이다. 자연수 중에서 소수와 합성수를 제외하고 나면 남은 수는 딱 하나이다. 그것이 바로 1이다. 즉 1은 소수도 아니고 합성수도 아닌 그저 자연수에 속할 뿐이다. 1은 저 스스로 홀로 설 수 있는 독립적인 수이다. 때문에 '소수도 아니고 합성수도 아닌 자연수는 존재할까?'에 대한 답은 '존재한다'이고 그 수는 바로 1이다. 따라서 1을 제외한 모든 자연수는 소수 아니면 합성수이다.

이때 모든 합성수는 소수의 곱으로 나타낼 수 있다. 왜냐하면 소수는 쪼개지지 않는 원자와도 같은 수이기 때문이다.

예를 들어 합성수 15와 24는 각각 $15 = 3 \times 5$, $24 = 2 \times 2 \times 2 \times 3$처럼 소수들의 곱으로 쪼갤 수 있다. 이렇게 합성수를 소수들의 곱으로 고치는 것을 '소인수분해한다'고 한다.

 소인수분해는 왜 하는 거야?

'분해'의 사전적 의미는 '낱낱으로 쪼개어 나누는 것'이다. 어떤 것을 쪼개서 분해하는 이유는 그 안에 들어 있는 정보를 알아내기 위해서이다. 여러분 중 특히 호기심이 많은 친구들은 라디오나 시계의 작동 원리를 알고 싶어서 그것들을 낱낱이 분해해 본 적이 있을 것이다. 소인수분해도 그와 꼭 같다. 어떤 수를 소인수분해하면 그 수에 대한 여러 가지 정보를 알아낼 수 있기 때문이다.

예를 들어 12를 $12 = 2 \times 2 \times 3 = 2^2 \times 3$처럼 소인수분해하면 12 속에 소인수 2, 3이 들어 있다는 것을 알 수 있다. 이 정보로 12는 2로도 나누어떨어지고, 3으로도 나누어떨어진다는 것을 알 수 있고, 또 약수의 개수가 몇 개인지도 알 수 있다.

소인수분해에 대해서 좀 더 자세히 알아보자.

소인수분해란 한마디로 하나의 수를 소인수들만의 곱의 꼴, 3×5, 5×7, $2 \times 3 \times 5$와 같이 곱의 기호를 써서 나타내는 것을 말한다.

그렇다면 '소인수'란 무엇일까?

소인수는 '소수인 인수'를 말한다.

여기서 또 '인수'는 무엇일까?

인수는 약수의 다른 표현이다. 그러니까 20의 약수인 1, 2, 4, 5, 10, 20은 20의 인수라고 달리 부를 수 있다. 이때 20의 인수 1, 2, 4, 5, 10, 20 중에는 2, 5 같은 소수가 있는데 이와 같은 소수인 인수를 특별히 소인수라고 부른다. 따라서 20의 소인수는 2, 5이다.

만약 우리 친구들이 어떤 수를 소인수분해할 때 작은 소수부터 생각하지 않고 소인수분해하고자 한다면 다음과 같은 여러 방법을 사용할 수 있다. 20을 예로 들어 보자.

$$
\begin{aligned}
20 &= 2 \times 10 \\
&= 2 \times 2 \times 5 \\
&= 2^2 \times 5
\end{aligned}
\qquad
\begin{array}{r}
5\,)\,\underline{20} \\
2\,)\,\underline{4} \\
2
\end{array}
$$

이와 같이 1이 아닌 자연수는 소수들만의 곱으로 나타낼 수 있고, 이 때 곱하는 순서를 생각하지 않는다면 어떤 방법을 사용하든 소인수분해의 결과는 모두 같다.

물론 소인수분해한 결과는 일반적으로 작은 소인수부터 차례대로 쓰고 같은 소인수의 곱은 거듭제곱을 사용하여 나타낸다. 예를 들어 10을 소인수분해한 결과는 5×2보다는 2×5로 나타내고 20을 소인수분해한 결과는 $20 = 2 \times 5 \times 2$나 $20 = 2 \times 2 \times 5$보다는 $20 = 2^2 \times 5$로 나타내는 것이다.

이 또한 수학에서 통용되는 기본적인 약속이니 꼭 기억해 두자.

교과 소인수분해의 3대 역할

소인수분해는 어디에 활용될까?

첫째, 큰 수의 약수와 약수의 개수를 구하는 데 활용된다.

둘째, 최대공약수와 최소공배수를 구하는 데 활용된다.

셋째, 약분할 때 활용된다.

하나하나 찬찬히 살펴보자.

첫째, 소인수분해를 이용하면 큰 수의 약수와 약수의 개수를 쉽게 구할 수 있다.

예를 들어 자연수 648을 소인수분해하면 $648=2^3 \times 3^4$이다. 이때 $648=2^3 \times 3^4$의 약수는 2^3의 약수와 3^4의 약수의 곱으로 다음 표와 같다.

×	1	3	3^2	3^3	3^4
1	1×1	1×3	1×3^2	1×3^3	1×3^4
2	2×1	2×3	2×3^2	2×3^3	2×3^4
2^2	$2^2 \times 1$	$2^2 \times 3$	$2^2 \times 3^2$	$2^2 \times 3^3$	$2^2 \times 3^4$
2^3	$2^3 \times 1$	$2^3 \times 3$	$2^3 \times 3^2$	$2^3 \times 3^3$	$2^3 \times 3^4$

이때 2^3의 약수는 1, 2, 2^2, 2^3으로 4개이고, 3^4의 약수는 1, 3, 3^2, 3^3, 3^4으로 5개이므로 $648=2^3 \times 3^4$의 약수의 개수는 4와 5의 곱으로 $4 \times 5=20$개이다. 즉 $648=2^3 \times 3^4$의 약수 개수는 $(3+1) \times (4+1)=4 \times 5=20$개로 소인수의 지수보다 1 큰 수들의 곱으로 구할 수 있다.

참고로 2^n의 약수는 1, 2^1, 2^2, 2^3, 2^4, …, 2^n이므로 약수의 개수는 $(n+1)$개이다. 따라서 어떤 자연수가 $p^m \times q^n$(p, q는 서로 다른 소수)으로 소인수분해되었을 때, 약수의 개수는 소인수 p, q와 상관없이 소인수의 지수보다 1 큰 수들의 곱 $(m+1) \times (n+1)$개이다.

둘째, 소인수분해를 이용하면 최대공약수와 최소공배수를 쉽게 구할 수 있다.

두 수 12와 40의 최대공약수를 구하기 위해 각각 소인수분해하면 12＝2×2×3, 40＝2×2×2×5이다. 이때 두 수의 공통인 소인수는 다음 식처럼 2, 2임을 알 수 있다.

$$12 = 2 \times 2 \times 3$$
$$40 = 2 \times 2 \times 2 \times 5$$

이때 이것들을 모두 곱한 2×2＝4가 두 수 12와 40의 최대공약수 이다.

또 다음 식처럼 공통인 소인수 2, 2와 공통이 아닌 소인수 2, 3, 5를 모두 곱한 2×2×2×3×5＝120은 12와 40의 최소공배수이다.

$$12 = 2 \times 2 \times 3$$
$$40 = 2 \times 2 \times 2 \times 5$$

셋째, 소인수분해를 이용하면 약분을 쉽게 할 수 있다.

예를 들어 분수 $\frac{102}{680}$를 약분할 때, 우선 분모와 분자를 각각 소인수분해하면 다음과 같다.

$$\frac{102}{680} = \frac{2 \times 3 \times 17}{2^3 \times 5 \times 17}$$

이때 분모 분자에 공통인 소인수 2와 17을 각각 약분하면 다음과 같다.

$$\frac{102}{680} = \frac{2 \times 3 \times \cancel{17}}{2^2 \times 5 \times \cancel{17}} = \frac{3}{2^2 \times 5} = \frac{3}{20}$$

지금까지의 내용이 소인수분해의 대표적인 3대 역할이다.

좀 지루했는가? 그럼 소인수분해의 흥미진진한 또 다른 활용법에 대해 살펴보자.

 ## 소인수분해를 이용하면 암호도 풀 수 있다

RSA 암호체계에 대해서 들어 본 적이 있을지 모르겠다.

RSA 암호체계는 1978년 미국 매사추세츠 공과대학의 리베스트Rivest, 샤미르Shamir, 아델먼Adelman 등이 공동 개발한 소인수분해를 이용한 암호체계를 말하며, 세 사람의 이름 앞 글자를 따서 명명하였다.

잠깐 상상력을 발휘해 보자.

우리 친구는 지금 스파이 임무를 맡고 있다! 위기의 순간, 동료에게 중요 서류가 있는 장소를 알려주어야 하는데 비밀번호를 그대로 적어 전달하기에는 위험이 너무 크다. 그래서 비밀번호 대신에 동료가 풀 수 있는 암호를 전달하기로 했다. 바로 소인수분해를 사용해 풀 수 있는 RSA 암호 말이다.

이 암호체계는 자물쇠공개키와 열쇠비밀키로 이루어져 있다. 이때 자물쇠 공개키는 비밀번호의 힌트가 되는 암호로 특정 숫자를 말하며, 열쇠비밀키는

암호를 소인수분해해야 알 수 있는 비밀번호를 말한다.

조금 복잡해 보이지만 예를 들어 살펴보면 간단하다.

일단 공개키 암호로 임의의 수 420이 주어졌다고 하자. 이 420을 소인수분해하면 $420 = 2^2 \times 3 \times 5 \times 7$이다. 이때 420의 소인수는 2, 3, 5, 7이다. 바로 이 수 2357이 비밀키로, 자물쇠를 풀 수 있는 비밀번호가 되는 것이다! 즉 420을 공개키로 할 때 비밀키는 2357이다.

420과 같은 암호는 적군에게 노출되어도 상관이 없기 때문에 따로 기억해 두고 참고하면 비밀번호를 잃어버릴 일은 없다. 하지만 이때 암호가 암호로서 제 역할을 하려면 적군이 해독하기 어려워야 한다. 적군이 RSA 암호체계를 알고 있을지도 모르기 때문이다.

따라서 암호 역할을 하고 있는 공개키는 소인수분해하기 어려운 수여야만 하는데, 그렇다면 어떤 수가 소인수분해하는 데 많은 시간을 필요로 하는 수일까?

이때 무조건 큰 수가 답이라고 생각한다면 큰 오산이다. 일례로 두 수 1000과 187 중 소인수분해하는 데 더 많은 시간을 필요로 하는 수는 1000이 아닌 187이기 때문이다.

1000을 나누어떨어지게 하는 수는 찾기가 수월해서 금방 $1000 = 2^3 \times 5^3$ 처럼 소인수분해할 수 있지만 187은 187을 나누어떨어지게 하는 수 11 과 17을 찾기가 쉽지 않다. 그것은 187을 나누어떨어지게 하는 수가 익숙하지 않은 소수이기 때문이다. 187을 공개키로 했을 때 비밀키는 $187 = 11 \times 17$의 소인수 1117이다.

이 정도쯤이야 하는 친구들이 있다면 공개키 12449에 대한 비밀키 찾는 미션을 해결해 보라. 미션을 완수하는 데 걸리는 시간은? 사람마다 다르겠지만 그리 쉽지는 않을 것이다. 비밀키는 $12449 = 59 \times 211$에서 59211임을 알 수 있다.

그런데 신기한 것은 비밀키가 맞는지 확인하기 위한 계산 59×211은 수초도 걸리지 않는다는 것이다. 이로써 우리는 소수의 곱으로 비밀번 호를 만들기는 쉽지만 암호를 해독하기는 쉽지 않다는 것을 알 수 있다.

자, 그렇다면 공개키가 자그만치 9자리수 329748563일 때 비밀키를 찾아보자. 아마 중학교 1학년 친구들에게는 최고의 미션이 될 것이다.

두둥! $329748563 = 53 \times 6221671$이다. 이때 53, 6221671은 소수이 므로 비밀키는 536221671이다.

곱셈을 한 단계 업그레이드시켜 봐! 거듭제곱이 보여

덧셈을 한 단계 업그레이드시킨 것이 곱셈이다. 말하자면 덧셈에서 $5+5+5+5$처럼 같은 수를 반복해서 더할 때 간단하게 5×4로 나타내기로 한 약속! 그것이 곱셈이다. 다음의 예를 보면 덧셈에서 곱셈이 태어났음을 알 수 있다.

$$5+5=5 \times 2$$
$$5+5+5=5 \times 3$$
$$5+5+5+5=5 \times 4$$
$$\vdots$$

한편, 곱셈에서 $5 \times 5 \times 5 \times 5$처럼 같은 수를 여러 번 반복하여 곱할 때 간단하게 5^4으로 나타내기로 한 약속이 있는데, 그것의 이름이 바로 '거듭제곱'이다. 다음의 예를 보면 거듭제곱은 곱셈에서 태어났다.

$$5 \times 5 = 5^2 \quad \rightarrow 5의 \ 제곱$$
$$5 \times 5 \times 5 = 5^3 \quad \rightarrow 5의 \ 세제곱$$
$$5 \times 5 \times 5 \times 5 = 5^4 \rightarrow 5의 \ 네제곱$$
$$\vdots$$

이때 5를 거듭 곱한 수 5^2, 5^3, 5^4, …을 통틀어 '5의 거듭제곱'이라고 부른다. 이때 곱해지는 수 5를 '거듭제곱의 밑'이라 하고, 곱하는 개수 2, 3, 4 …를 '거듭제곱의 지수'라고 한다.

$$5^{④} \begin{array}{l} \rightarrow 지수 \\ \rightarrow 밑 \end{array}$$

따라서 a^2, a^3, a^4, …은 a의 거듭제곱이다. 이때 a를 밑이라 하고, 같은 수 또는 문자를 곱한 개수는 지수라 부른다.

$$a^{③} \begin{array}{l} \rightarrow 지수 \\ \rightarrow 밑 \end{array}$$

밑, 지수와 같은 수학 용어는 사실 사람 이름처럼 약속으로 정한 것이므로 우리 친구들은 그들의 이름을 제대로 불러 줘야 마땅하다.

덧셈, 곱셈, 거듭제곱에 대한 원리를 확실하게 하기 위해 다음과 같이 정리해 두니 참고하기 바란다.

초등학교	중학교
같은 수나 문자를 반복해서 더할 때 - 곱셈 이용	같은 수나 문자를 반복하여 곱할 때 - 거듭제곱 이용
$2+2+2+2+2=2\times5$ $♥+♥+♥=♥\times3$ $x+x+x+x=x\times4$	$2\times2\times2\times2\times2=2^5$ $♥\times♥\times♥=♥^3$ $x\times x\times x\times x=x^4$
※ $a+a+a=a\times3$ $a\times a\times a=a^3$	

tip

우리 친구들,
이 둘을 확실하게
구분할 수 있어야 해!

교과 2^4은 8이 아니다

$2^4=8$, 이것은 맞는 계산일까, 틀린 계산일까? 결론부터 말하면 틀린 계산이다. 흔히 2^4을 2×4로 계산하여 8이라고 답한 친구들이 많은데 이것은 틀린 계산이므로 주의해야 한다.

2^4을 8이라고 잘못 생각하는 것 외에도 $2^3=6$, $5^2=10$, $3^4=12$, … 등으로 잘못 생각하는 친구들이 워낙 많기 때문에 필자는 여기에 거듭제곱에서의 오개념 1호라고 쓰고 빨간 줄을 그어 두고 싶다.

다시 강조하지만 2^4과 2×4는 서로 다른 값이다. 2^4은 2를 4번 곱한다는 뜻이므로 $2^4=2\times2\times2\times2=16$이다. 하지만 2×4는 2를 4번 더한다

는 뜻이므로 $2 \times 4 = 2 + 2 + 2 + 2 = 8$이다.

이와 같은 오개념에서 탈출하기 위해서는 무엇보다 거듭제곱을 제대로 풀어서 쓸 줄 알아야 한다. 예를 들어 3^5은 $3^5 = 3 \times 3 \times 3 \times 3 \times 3 = 243$처럼 풀어서 쓸 줄 알아야 하고, 또 $\heartsuit^3$은 $\heartsuit^3 = \heartsuit \times \heartsuit \times \heartsuit$처럼 풀어 쓸 수 있어야 한다. 이뿐만 아니라 같은 수를 여러 번 더할 때는 곱셈으로 나타낼 수 있어야 한다. 예를 들어 $3 + 3 + 3 + 3 + 3 = 3 \times 5 = 15$처럼 말이다.

이 같은 내용을 다음과 같이 문자를 사용하면 간단히 나타낼 수 있다.

$$a \times 4 = a + a + a + a$$
$$a \times n = \underbrace{a + a + a + \cdots + a}_{n\text{개}}$$

$$a^4 = a \times a \times a \times a$$
$$a^n = \underbrace{a \times a \times a \times \cdots \times a}_{n\text{개}}$$

 거듭제곱! 무서워~

컴퓨터 게임에 빠진 아들이 있었다. 어떻게 하면 컴퓨터 게임 시간을 줄일 수 있을까 고민하던 엄마에게 한 가지 묘안이 떠올랐다.

"엄마가 너에게 컴퓨터 게임 시간을 주는 대신에 너도 엄마한테 한 가지 약속을 하렴. 매일 약간의 공부를 하고 남은 시간에 게임을 한다고 말이야."

"하루에 몇 시간 공부해야 하는데요?"

"음, 매일 달라. 오늘부터 시작하는데 오늘은 딱 1초만 하면 돼. 1초만 공부하고 남은 시간은 몽땅 게임을 하렴. 대신 내일은 오늘의 2배야. 그러니까 2초를 공부해야 하는 것이지."

"애걔! 1초요? 그 정도쯤이야 문제 없죠. 알았어요. 얼마든지 그렇게 할게요."

이렇게 하여 아들은 엄마가 미리 준비해 둔 서약서에 사인을 하고 1초를 공부한 뒤 맘껏 게임을 즐겼다. 다음 날도, 그 다음 날도……. 엄마도 아이도 함께 웃으며 며칠을 보냈다.

10일째 되던 날부터 엄마와 아이는 머리를 맞대고 사이좋게 계산하기 시작했다.

"오늘 공부할 시간은 얼마나 되니?"

"어제 256(초) 했으니까 오늘은 그것의 2배 256×2＝512(초)네요."

"그런데 말이야, 앞으로 시간이 점점 불어나게 되면 어제 공부한 시간을 기억하기가 쉽지 않을 텐데 무슨 좋은 방법 없을까?"

"잠깐만요. 규칙을 찾아보면 알 수 있을 것 같아요."

첫째 날 1초

둘째 날 $1 \times 2 = 2^1 = 2$초

셋째 날 $2 \times 2 = 2^2 = 4$초

넷째 날 $2^2 \times 2 = 2^3 = 8$초

다섯째 날 $2^3 \times 2 = 2^4 = 16$초

여섯째 날 $2^4 \times 2 = 2^5 = 32$초

$\vdots$

그렇다면 10일째는 $2^9 = 512$초

$\vdots$

100일째는 2^{99}초.

엄마와 아들은 약속 시간을 계산하기 위해 머리를 맞대고 있으면서도 마냥 행복했다. 이렇게 엄마와 아이가 행복한 시간은 딱 2주였다.

2주째 그러니까 14일째 아이가 공부할 시간은 $2^{13}=8192$(초)였고, 그 것을 시간으로 고쳐보니 136분으로 2시간 남짓이 된 것이다. 그리고 15 일째부터는 아들은 점점 힘들어하기 시작했다. 그러다가 17일째 되던 날 아들은 두 손 들고 말았다.

일	공부 시간(초)	공부 시간(분)	공부 시간(시간)
15	$2^{14}=16384$	273.06667	4.551111
16	$2^{15}=32768$	546.13333	9.102222
17	$2^{16}=65536$	1092.26670	18.204440
18	$2^{17}=131072$	2184.53330	36.408890

결국 아들은 게임 시간을 줄이는 대신에 매일 3시간씩 공부하기로 약 속하는 수밖에 없었다고 한다. 너무 슬픈 이야기라고? 이 이야기의 핵심 은 거듭제곱의 위력에 있다. 기하급수적으로 커가는 거듭제곱! 얕봐서 는 큰코다친다고!

 우린 항상 서로소 관계에 있는 거니?

누군가 나와 생각이 같거나 취미가 같음을 알게 된다면, 혹은 좋아하 는 것이 서로 같다는 것을 알게 되면 '통한다'는 공통점에서 두 사람은 상당한 친근감을 느낄 것이다. 이처럼 사람과 사람 사이를 두루 통하게 하는 공통점은 수와 수 사이에도 있다.

그렇다면 수와 수의 공통점은 어떤 것이 있을까?

우선 공통된 약수, 즉 공약수를 생각할 수 있다.

2의 약수 : 1, 2
4의 약수 : 1, 2, 4

두 자연수 2와 4의 공약수는 1, 2라는 것을 알 수 있다.

12의 약수 : 1, 2, 3, 4, 6, 12
20의 약수 : 1, 2, 4, 5, 10, 20

두 자연수 12, 20의 공약수는 1, 2, 4라는 것을 알 수 있다.

이 같은 공약수는 두 수 사이에 두루 통하는 것을 의미하므로 공약수가 많을수록 두 수는 서로를 더욱 친근하게 느낄 것이다.

이와 같은 관점에서 자연수 2와 3의 관계를 알아보자.

2의 약수 : 1, 2
3의 약수 : 1, 3

2, 3의 공약수는 1 하나뿐이다. 따라서 두 수 2와 3의 최대공약수는 1 이다. 이처럼 최대공약수가 1인 두 수를 보면 왠지 그 둘 사이가 두텁지 않고 서먹서먹해 보인다. 이렇게 서로 소원한 관계에 있는 두 자연수의 이름이 '서로소'이다.

정확히 말해서 최대공약수가 1인 두 자연수를 서로소라고 한다. 예를 들어 3과 8, 12와 19 또는 7과 8은 모두 서로소인 수이다.

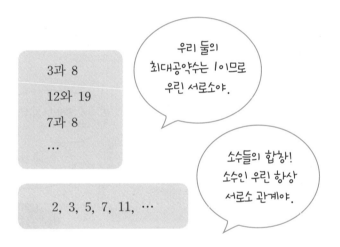

특히 서로 다른 두 소수는 공약수가 1뿐이므로 항상 서로소 관계에 있고, 또 두 수가 서로소 관계에 있으면 공약수는 1뿐이다.

학급 정원이 35명일 때와 36명일 때의 차이는 무엇일까? 얼핏 생각하면 숫자 1의 차이에 불과하지만 이 숫자 1 속에 어마어마한 비밀이 숨어 있다는 사실을 알게 되면 그렇게 간단하게 생각할 문제는 아니다.

자연수 35와 36이 품고 있는 수의 비밀을 알아보자.

35의 약수는 1, 5, 7, 35로 모두 4개이고, 36의 약수는 $36 = 2^2 \times 3^2$에서 알 수 있듯이 약수의 개수가 $(2+1)(2+1) = 9$개나 된다. 이 말은 35를 나눌 수 있는 수는 4개이고, 36을 나눌 수 있는 수는 9개라는 소리다.

나누는 수가 뭐 그리 중요할까 생각할 수도 있겠지만 학급에서 모둠 활동을 위해 조를 짜본 친구들은 다 알 것이다. 모둠을 짤 때 나누어떨어지지 않으면 마지막에 꼭 한두 명이 남게 되고, 그럴 때 남는 사람은 기분이 몹시 상하게 된다는 사실을 말이다.

좀 더 구체적으로 설명하면 정원이 35명인 학급에서 모둠을 짤 수 있는 경우는 개인 활동과 전체 활동에 해당하는 1명과 35명을 제외하면 딱 2가지 방법, 즉 5명 또는 7명씩 조를 짜는 경우만 가능하다.

하지만 학급 정원이 36명인 학급에서는 개인 활동과 전체 활동이 되는 1명과 36명을 제외하더라도 2, 3, 4, 6, 9, 12, 18명씩 조를 짤 수 있으므로 조 편성이 훨씬 다양하다. 따라서 따돌림을 줄일 수 있는 학급 정원으로는 35명보다는 36명이 좋고, 25명보다는 24명이, 또 29명보다는 30명이 좋다. 교사 입장에서 보면 겨우 1명 차이에 불과할 수도 있지만, 학생들 입장에서 보면 1명이 웃게도 하고 울게도 할 수 있다는 것이다.

이처럼 무심하게 지나칠 수 있는 자연수의 비밀. 알고 나면 많은 것을 배울 수 있다.

약수를 알면 친구 수가 보인다

혹시 영화 〈박사가 사랑한 수식〉을 본 친구가 있을지 모르겠다. 수학 냄새 물씬 풍기는 제목 때문에 선뜻 마음이 가지 않더라도 꼭 한번 보길 추천한다. 수학이 재미없고 지루한 것이라 여겼던 친구들도 영화에 등장하는 수학의 오묘한 매력에 흥미를 느끼지 않을 수 없을 테니까 말이다.

영화의 주인공인 박사는 최근 수년간 9명이나 되는 가사 도우미를 갈아치운 괴팍한 성격의 사람이다. 그는 불의의 사고를 당한 후에 단지 80분밖에 기억을 유지하지 못하는 병을 앓게 된다. 80분이 지나면 사고 이후의 기억들을 깡그리 잊어버리는 것이다.

매일 아침이 새로운 날인 박사에게 온전히 남아 있는 것이라곤 사고 이전에 가졌던 수학에 대한 열정과 사랑뿐이다. 그리고 그는 그런 열정을 대화에 수를 녹여내는 식으로 풀어낸다.

다음과 같이 말이다.

> **박사** 자네 생일이 몇 월 며칠인가?
>
> **가사 도우미** 2월 20일인데요.
>
> **박사** 자네 생일은 2월 20일. 220. 정말 귀여운 숫자로군.
>
> 그리고 이 손목시계 좀 봐. 여기 새겨진 숫자 보이나?

박사가 내민 손목시계에 새겨진 것은 '학장상 No.284'였는데 박사는 수만 뚝 떼어내 284를 불러온다. 이렇게 불러들인 두 수 220과 284는 박사와 가사 도우미 두 사람 사이에 놓이게 되는데, 두 수 220과 284를 발견한 박사는 흥분 가득한 목소리로 두 수가 신의 주선으로 맺어진 아름

다운 '우애수'이고, 그 같은 우애수는 쉽게 존재하지 않는 쌍이어서 수학자 페르마나 데카르트도 겨우 한 쌍씩밖에 발견하지 못했다는 설명을 놓치지 않는다. 가사 도우미의 생일과 박사 자신의 손목시계에 새겨진 두 수 220과 284의 멋진 인연은 그렇게 시작된다.

대체 우애수가 뭐길래 박사는 신까지 운운하며 인연을 따지고 들었을까?

우애수의 비밀은 약수에 있다.

두 수의 약수를 구해 보면 다음과 같다.

> 220의 약수 : 1, 2, 4, 5, 10, 11, 20, 22, 44, 55, 110, ⓾220
> 284의 약수 : 1, 2, 4, 71, 142, ⓾284

이때 자기 자신을 제외한 약수를 '진약수'라고 하는데 220의 진약수를 몽땅 다 합하면 신기하게도 284가 되고, 또 284의 진약수를 몽땅 합하면 220이 된다.

즉 220의 진약수의 합은 284이고, 284의 진약수의 합은 220이다. 따라서 220 안에 284가 있고, 284 안에 220이 있게 되어 이 두 수 220과 284는 요즘 말로 '내 안에 네가 있다'가 느껴지는 수인 것이다.

이처럼 자신을 제외한 약수의 합이 서로의 수가 되는 두 수를 우정을 나타내는 수라 하여 '우애수' 또는 '친구수'라고 부른다.

참고로 덧붙이자면 수학자들이 발견한 우애수는 그 수가 많지 않다. 수학의 역사 속에서 발견된 우애수들을 좀 더 알아보자.

먼저 앞서 살펴본 우애수 220과 284가 있다. 두 수는 기원전 6세기경의 수학자 피타고라스가 처음으로 발견하여 '피타고라스의 친구수'라고도 불린다. 이외에도 이탈리아 16세 소년인 니콜로 파가니니가 발견한 친구수 1184, 1210이 있고, 수학자 데카르트가 발견한 친구수 9363584, 9437056, 수학자 페르마가 발견한 17296, 18426 등이 있다. 또 수학자 오일러는 친구수에 대한 체계적인 연구를 시도하여 무려 30쌍의 친구수를 한꺼번에 발표했다고 한다.

 융합 **최소공약수, 최대공배수란 수학 용어는 왜 없을까?**

공약수 중에서 가장 큰 수가 최대공약수이다.

그렇다면 공약수란 무엇일까? 공약수란 말 그대로 '공통된 약수'이다. 이 공통이라는 말에는 이미 2개 이상의 자연수라는 말이 내포되어 있다. 그래서 2개 이상의 자연수의 약수를 각각 구하면 공통된 약수, 즉 공약수가 나타난다.

이를테면 12와 18의 공약수는 다음과 같다.

12의 약수 : 1, 2, 3, 4, 6, 12
18의 약수 : 1, 2, 3, 6, 9, 18

두 수의 공통인 약수는 1, 2, 3, 6이다.

이 공약수 1, 2, 3, 6 중에서 가장 큰 수가 최대공약수이므로 12와 18의 최대공약수는 6이다. 이때 공약수 1, 2, 3, 6은 최대공약수 6의 약수와 같기 때문에 소인수분해를 이용하여 최대공약수를 구하면 공약수는 덤으로 알게 된다.

그렇다면 공약수 중에서 가장 작은 수, 즉 최소공약수는 어떻게 구할까?

아주 간단하다. 최대공약수가 공약수 중의 가장 큰 값을 말했던 것처럼 최소공약수는 공약수들 중에서 가장 작은 값을 가리킨다. 12와 18의 예를 다시 생각해 보자. 12와 18의 공약수는 1, 2, 3, 6이다. 이 중에서 가장 작은 수는 당연 1이므로 12와 18의 최소공약수는 1이다. 6과 15의 경우에는? 두 수의 공약수는 1과 3이므로 최대공약수는 3, 최소공약수는 1이 된다.

한데 살펴본 두 예의 최소공약수의 값이 1로 똑같다! 다른 두 자연수들 사이의 최소공약수는 어떨까? 오, 2개 이상의 자연수 간의 최소공약수는 변함없이 1이다.

이제 친구들의 교과서에 최소공약수라는 수학 용어가 왜 등장하지 않는지 그 이유를 이해할 것이다. 구해 보나마나 최소공약수는 항상 1일 것이므로 따로 구할 필요가 없기 때문이다.

그렇다면 최대공배수는 어떤가?

공배수 중에서 가장 작은 수가 최소공배수이다. 여기서 공배수란 무엇일까? 공배수란 말 그대로 '공통된' 배수이다. 이 공통이라는 말 속에는 이미 2개 이상의 자연수라는 말이 들어 있기 때문에 2개 이상의 자연수의 배수를 각각 구해 보면 공통된 배수, 즉 공배수가 보인다.

예를 들어 12와 18의 공배수는 다음과 같다.

12의 배수 : 12, 24, 36, 48, 60, 72, 84, 96, 108 …
18의 배수 : 18, 36, 54, 72, 90, 108, …

두 수의 공통인 배수는 36, 72, 108, …이다.

이 공배수 중에서 가장 작은 수가 최소공배수이므로 12와 18의 최소공배수는 36이다.

이제 최대공배수를 찾아볼 차례다. 한데 문제가 생겼다. 최대공배수는 두 자연수의 공배수 중에서 가장 큰 수를 가리키는 것일 텐데 우리가 찾아낸 12와 18의 공배수들은 36, 72, 108, …로 무한히 계속된다. 공배수들 중에서 가장 큰 수를 구할 수 없게 된 것이다. 따라서 최대공배수를 구하는 일은 불가능하다.

이렇게 최소공약수는 항상 1일 것이고, 최대공배수는 구하는 일이 불가능하다는 이유로 최소공약수와 최대공배수란 수학 용어는 생각하지 않기로 한다.

정수와
유리수

둘째 마당
정수와 유리수

용합 수의 굵은 줄기는?

　수학은 수를 바탕으로 이루어진 학문이다. 한데 수는 한 종류가 아닌 듯 보인다. 초등학교 때 배운 자연수에서 수 이야기가 끝이 나는 것이 아니라 정수니 유리수니 하는 용어들이 등장하는 것을 보면 머릿속 혼란이 점차 가중된다. 자, 수를 분류해서 엉킨 실타래를 풀어 보자.

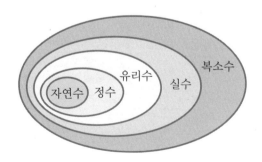

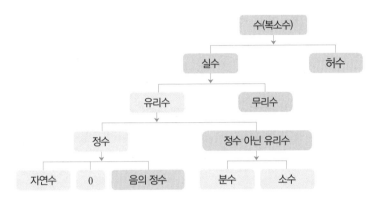

위 그림에서 자연수는 이미 우리 친구들이 초등학생 시절부터 익히 보아 온 수이지만 정수나 유리수는 중학교 1학년 과정에서 본격적으로 공부하게 되는 수이다. 그런데 정수나 유리수가 끝이 아니다. 교과과정에 따라 우리 친구들이 배워 나가야 할 수들은 다음과 같다.

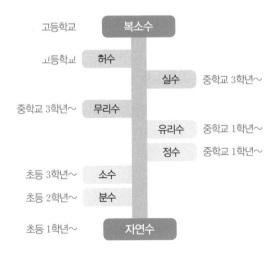

이렇게 여러 가지 표로 정리해 보니 그동안 우리가 배워 온 수들도, 그리고 앞으로 배워 나갈 수들도 참으로 많다.

게다가 초등학생 때는 현실 속에서 손에 잡힐 듯한 수들을 배웠다면 이제 중학교 과정에서 배울 수들은 음수처럼 손에 잡히지 않는 경우가 많아 더욱 힘들게 느껴질 수도 있다. 하지만 두려워하지 말자. 하나하나 차근차근 이해하고 짚어 나가다 보면 수라는 거대한 숲의 전체 그림이 손에 잡힐 듯 그려질 것이다.

정수란 어떤 수일까?

앞과 뒤, 위와 아래, 오른쪽과 왼쪽, 영상과 영하, 지상과 지하처럼 짝을 이루면서 대비되는 개념들을 우리는 실생활에서 자주 마주친다. 수학에서도 이처럼 대비되는 성질을 가진 수가 있다. 바로 '정수'이다.

정수란 어떤 수일까?

서로 반대의 성질이 있는 수량에 대하여 어떤 기준을 중심으로 한쪽을 양의 부호 '+'를 붙여서 나타내면 그 반대쪽은 음의 부호 '−'를 사용하여 나타낼 수 있다.

예를 들어 실생활에서 대비되는 짝들에 +와 − 부호를 적용해 보자. 우선 날씨를 표현할 때 쓰는 영상을 +로, 영하는 −를 붙일 수 있다. 또 해발은 +로, 해저는 −로 표현할 수 있다.

　이렇게 +가 붙는 수를 '양수', ―가 붙는 수를 '음수'라고 할 수 있는 데 +1, +2, +3, …과 같이 자연수에 양의 부호(+)가 붙은 수를 '양의 정수'라 하고, ―1, ―2, ―3, …과 같이 자연수에 음의 부호(―)가 붙은 수를 음의 정수라고 한다. 이때 양의 정수, 0, 음의 정수를 통틀어 정수 라고 한다. 양의 정수는 양의 부호 +를 생략하여 나타내기도 하므로 양 의 정수는 자연수와 같다.

　휴! 이렇게 손에 잡히지 않는 음수를 이해시키기 위해 실생활을 예로 들어 설명을 하면서도 한편으로는 걱정이 된다. 우리 친구들이 에디슨 처럼 현실과 수학을 구분 짓지 못하면 어떡하나 하고 말이다. 그래서 하 는 말인데 우리 친구들 '수학에서의 약속'을 수학 공부하는 내내 염두에 두기를 권한다.

참고로 ＋, －와 같은 정수를 쓰기 전에는 서로 대비되는 개념인 재산과 빚을 어떻게 나타냈을까? 답은 색깔에 있다. 재산은 검은색으로, 빚은 붉은색으로 구분했다. 물건의 출납이나 돈의 수지 계산을 적어 둔 장부를 보면 흔히 어떤 숫자는 검은색 잉크로 써 있고, 또 어떤 숫자는 붉은색 잉크로 써 있는데 그것이 바로 들어오고 나감, 혹은 이익과 손해를 색깔로 구분한 흔적이다.

또 이익을 '흑자', 손해를 '적자'라고 부르게 된 것도 이익을 나타내는 글자가 검은색 글자이고, 손해를 나타낸 글자가 붉은색 글자였기 때문이다. 오늘날에는 검은색 글자 대신에 ＋, 붉은색 글자 대신에 －를 주로 쓰고 있다.

 정수와 수직선

수를 직선 위에 나타내는 방법이 있다. 말 그대로 직선에 수를 표시하는 것으로 이름이 '수직선'이다.

그림을 보면서 설명을 따라가 보자.

음의 정수 ← 원점 → 양의 정수
O

```
←————•————————————•————————————————————→
  -5  -4  -3  -2  -1   0   1   2   3   4   5
```

　그림과 같이 직선 위에 기준점 O를 수 0으로 나타내고 기준점 O의 좌우에 일정한 간격으로 점을 찍는다. 기준점에서 오른쪽으로 거리가 1, 2, 3, …만큼 떨어져 있는 점에 차례대로 +1, +2, +3을 대응시키고 왼쪽으로 거리가 1, 2, 3, …만큼 떨어져 있는 점에 차례대로 −1, −2, −3, …을 대응시켜서 만든 직선을 수직선이라고 한다. 이때 기준이 되는 점 O를 '원점'이라고 한다.

　자연수의 경우에는 수직선으로 나타내더라도 대칭을 이루지 않지만 정수를 나타낸 수직선은 앞의 그림처럼 0을 기준으로 좌우로 멋진 대칭을 이룬다. 완벽한 5 : 5 가르마 같다고나 할까!

　그렇다면 앞의 그림처럼 수직선으로 정수를 표현할 때 생기는 이점은 무엇일까?

　정수를 나타낸 수직선을 보면 0을 기준으로 좌우 대칭을 이루면서 오른쪽으로 갈수록 수가 커지고, 왼쪽으로 갈수록 수가 작아진다는 것을 알 수 있다. 또 원점으로부터 얼마나 떨어져 있는지, 혹은 어떤 수가 더 크고 작은지 한눈에 알아볼 수 있다.

　때로는 구구절절한 말보다 시사만평 한 컷이 사회상을 효과적으로 보여 주기도 하는 것처럼, 수직선 또한 한눈에 많은 것을 드러내 보여 준다.

융합 7세기경의 **인도 수학자 브라마굽타**

우리 친구들은 인도라는 나라에 대해 얼마나 알고 있을까?

인도 하면 비폭력의 독립운동가 마하트마 간디가 떠오르고, 제3세계의 못사는 나라 정도로 알고 있지 않을까 짐작해 본다. 하지만 산업화에 따른 서구 유럽 세계가 대두하기 이전 시대의 인도는 찬란한 문화, 높은 학문 수준을 지니고 있었다. 수학이나 철학, 천문학 등과 같은 분야에서 말이다.

특히 수학에서는 숫자 0숫자 0은 인도에서 발견되었다는 것 외에는 거의 알려진 바 없다. 다시 말해서 0을 발견한 사람이 누구인지, 또 정확하게 몇 날 며칠에 태어났는지 등 대부분의 것들을 알 수가 없다. 하지만 분명한 것은 0은 자연수나 분수보다도 훨씬 늦게 태어났다는 사실이다을 발견하고 위치적 기수법을 사용할 정도로 그 수준이 높았다.

7세기경 인도의 수학자이자 천문학자였던 브라마굽타는 이러한 찬란했던 시기의 인도 유산을 물려받은 인물이다. 그는 양수를 자산으로, 음수를 부채로 설명하는 방법을 통해 음수 개념을 도입하기도 하고, 숫자 0이 수학 안으로 들어오게 하는 등 수학사에 길이 남을 위대한 업적을 남겼다.

숫자 0을 수학 안으로 들어오게 한다는 것은 무엇을 의미할까? '아무것도 없음'을 나타내는 숫자 0을 수학 안으로 들어오게 한다는 것은 0을 다만 숫자로만 남아 있게 하는 것이 아니라 계산 속으로 끌어들인다는 것을 의미한다. 예를 들어 보자.

'고래'라는 친구에게 빚을 많이 진 '생강'이라는 친구가 있다. 그는 고래의 끈질긴 빚 독촉에 밤낮으로 일해 정확히 빚과 일치하는 재산을 모았다. 그리고 드디어! 생강은 빚을 모두 청산했다. 이제 생강에게 남은 재산은 얼마나 될까? 당연히 아무것도 남아 있는 게 없을 것이고, 우리는 그 '아무것도 없음'을 0으로 표기할 수 있다. 만약 생강이 고래에게 진 빚이 10원이었다면 $(+10)+(-10)=0$과 같은 수식이 만들어질 것이다.

당연한 이야기라고?

아니다. 브라마굽타가 숫자 0을 수학 안으로 끌어들이기 전까지는 계산 속에 0이 개입하지 못했기 때문이다. 브라마굽타는 최초로 0을 계산에 넣어 독립적으로 쓰이게 함으로써 $(-10)+(+8)=(-8)+(-2)+(+8)=(-8)+(+8)+(-2)=0+(-2)=-2$와 같은 계산을 할 수 있게 한 위대한 수학자이다.

숫자 0의 다양한 얼굴

"숫자 0은 뭐니?"

이 질문에 어떤 답을 할 수 있을까?

대부분의 사람들은 "0은 아무것도 없음이야."라고 답할 것이다.

하지만 그것이 다는 아니다. 0의 의미는 다음과 같이 아주 다양하니까 말이다. 하나씩 이야기해 보자.

첫째, 0은 양수와 음수를 가르는 기준점이다.

0보다 큰 수인 양수와 0보다 작은 수인 음수를 이야기할 때, 0은 양수와 음수를 구분하는 기준점이 된다. 유럽의 경우 높은 건물마다 설치되어 있는 엘리베이터에서 지상을 1, 2, 3,⋯, 지하를 −1, −2, −3, ⋯으로 나타낸다. 그때 기준은 지면이고 그것이 바로 0층이다.

또 기온을 잴 때도 마찬가지이다. 0℃를 기준으로 영상, 영하로 구분하고 영상이라는 말 대신에 + 부호를, 영하라는 말 대신에 − 부호를 붙여서 표현하기도 한다. 이익을 +, 손해를 −, 득점은 +, 감점은 −, 수입은 +, 지출은 −, 해발은 +, 해저는 −로 표현할 수 있었던 것도 모두 기준을 나타내는 0이 있기 때문이다. 이처럼 0은 양수와 음수를 가르는 기준점이다.

둘째, 0은 빈 자리를 나타낸다.

은행에서 대기표를 뽑을 때 0002와 같은 번호표를 본 적이 있을 것이다. 그때 2 앞의 0은 빈 자리를 나타낸다. 때문에 0002를 뽑은 사람의 순서는 두 번째다. 또 두 소수 0.2와 0.02에서 두 수의 크기가 다른 것은 0이 빈 자리를 채워 주고 자릿값을 나타내기 때문이다.

셋째, 0은 아무것도 없다無는 것을 의미한다.

0이 아무것도 없다는 것을 뜻할 때 '아무것'이란 뭘까? 돈? 아니면 공

부? 그것도 아니면 무거운 짐?

모두 다를 의미한다.

돈이 없어서 통장에 잔액이 하나도 없을 때도, 시험은 다가오는데 공부를 전혀 하지 않았을 때도, 무거운 짐을 내려놓고 짐 없이 가뿐하게 걸을 때도 우린 모두 0으로 나타낼 수 있다. 이때 0은 아무것도 없다는 뜻이다.

그렇다면 '아무것도 없음'은 상황과 무관하게 항상 같은 의미를 지닐까?

그렇지 않다. 앞에서 말한 예를 다시 살펴보면 통장 잔고가 0원이라든가, 시험 기간에 공부를 전혀 하지 않았다든가 하는 경우의 0은 우울함과 절망을 가져오겠지만 무거운 짐을 훌훌 벗어던진 후에 주어지는 0에는 즐거움이 가득할 것이기 때문이다. 이것이 바로 아무것도 없다는 뜻을 지닌 0의 양면성이다.

넷째, 0은 시작점을 나타내기도 한다.

체육대회와 더 크게는 올림픽에서 멀리뛰기나 던지기를 할 때, 시작하는 지점을 '0m'라 한다. 그리고 거기서부터 거리를 측정하는데, 이때 0은 시작점을 나타낸다.

음수가 지각생이라고?

인간이 처음으로 수를 세고 쓰면서 익숙해진 수의 이름은 자연수이다. 자연수가 이 세상에 가장 먼저 태어나고 이어 분수가, 그리고 중학교 3학년에 올라가서야 배우게 될 무리수가 분수의 뒤를 이어 기원전에 이미 태어났다. 그런데 유독 음수는 지금으로부터 겨우 수백 년 전에서야 수로서 인정을 받았다고 하니 참으로 신기한 일이다.

음수가 이처럼 늦깎이로 태어난 이유는 뭘까?

먼저 무려 무리수까지 발견되었던 고대 그리스 시대에 음수가 태어나지 못했던 이유부터 살펴보자.

고대 그리스에서는 수와 더불어 기하학을 중시했다. 이때 수는 자연수를 말하고 기하학은 도형을 연구하는 학문을 일컫는다. 기하학에서는 선분의 길이나 도형의 넓이를 나타내기 위해 수를 사용했는데, 이런 길이와 넓이는 자연수만으로 충분히 표현이 가능했다. 그 때문에 그리스인들은 음수의 필요성을 느낄 수 없었고, 이 같은 사정은 중세까지 이어져 음수의 출생은 더욱 늦어졌다.

게다가 음수는 손에 잡히는 수가 아니다. 일상생활에 자주 사용할 수 있어서 실용성을 겸비한 수라고 생각되는 자연수나 분수와는 달리 뜬구름 잡는 수처럼 생각되기 쉽다.

이러한 이유로 일찍 태어날 수 없었던 음수가 수로 받아들여지기 시작한 것은 17세기 프랑스의 수학자 데카르트가 음수를 수직선 위에 나타내면서부터다. 이후 19세기 독일의 수학자 한켈이 음수의 체계를 자세히 확립하였으니 음수의 나이는 이제 겨우 400살 정도! 2000살이 넘는 자연수나 분수, 무리수에 비하면 참으로 어린 동생일 수밖에!

 ## 부호를 무시하고 오로지 거리만을 생각하자는 것이 절댓값이다

방향이나 부호는 무시하고 오로지 거리만을 생각하자는 것이 절댓값이다. 예를 들어 동쪽으로 100m를 달려간 고양이와 서쪽으로 100m 달려간 강아지가 있다고 하자. 이때 방향을 무시하면 고양이와 강아지가 달려간 거리는 100m로 서로 같다.

방향을 무시한다는 것은 수에서 양의 부호 또는 음의 부호를 떼버리는 것을 의미한다.

다음 수직선에서 −4는 원점 0을 기준으로 왼쪽에 있고, +4는 0을 기준으로 오른쪽에 있다. 이때 오른쪽 왼쪽을 무시하고 오로지 거리만을 생각하면 −4든 +4든 모두 0을 기준으로 그 거리가 4만큼 떨어져 있다는 것을 알 수 있다. 이처럼 0을 나타내는 점과 어떤 수를 나타내는 점 사이의 거리를 그 수의 절댓값이라 하며, 기호 | |를 사용하여 나타내기로 한 것이다.

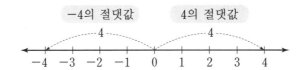

그럼 절댓값 기호 | |를 써서 나타내 보자.

0을 기준으로 −4까지의 거리는 4이므로 이것을 기호로 쓰면 |−4|=4이고, 0을 기준으로 +4까지의 거리 역시 4이므로 이것을 기호로 쓰면 |+4|=4이다.

또 0을 기준으로 0까지의 거리는 0이므로 이것을 기호로 쓰면 |0|=0 이다. 이때 |−4|=4, |+4|=4를 보면 절댓값이 4인 수는 +4와 −4 로 2개임을 알 수 있다. 또 |−3|=3, |+3|=3에서도 절댓값이 3인 수 는 +3과 −3으로 역시 2개다.

그렇다면 절댓값이 같은 수는 항상 2개일까?

그것은 아니다. 양, 음의 부호가 없는 0은 절댓값 그대로 오로지 0 하나 이다. 기준이 되는 0은 양, 음의 부호가 붙지 않은 |0|=0이므로 절댓값 이 0인 수는 오로지 0 하나뿐이다. 따라서 0을 제외한 수에서 절댓값이 같은 수는 항상 2개임을 알 수 있다.

또 0을 제외한 모든 수의 절댓값은 항상 0보다 크다. 즉 $|a|=4$일 때 $a=4$ 또는 $a=−4$이고 $|a|=0$일 때 $a=0$ 하나뿐이다.

이처럼 0은 특별하기 때문에 늘 염두에 두고 있어야 한다.

정리하면 절댓값은 방향이나 부호를 무시하고 오로지 거리만을 생각하자는 것으로 수직선 위의 원점(0)에서 어떤 점까지의 거리를 의미하며, 항상 0보다 크거나 같다.

 0은 **특별하다**

앞서 살펴보았듯 숫자 0의 역할은 참으로 다양하다. 양수와 음수를 가르는 기준점이 되기도 하고, 빈 자리를 나타내기도 하며, 또 아무것도 없다는 것을 알리는 역할을 수행하기도 한다. 게다가 때로는 시작점의 의미이기도 하다. 오지랖도 넓지!

이렇게 다양한 역할을 수행하는 0은 특별 대접을 받기까지 한다.

이제부터 특별한 수 0에 대해 알아보기로 하자.

초등학교에서 배웠던 "분수의 성질, 분모와 분자에 0이 아닌 같은 수를 곱하거나 나눈 수는 원래의 분수와 같다"에서 0은 특별 대접을 받는다. 0을 제외한 모든 수는 분모와 분자에 똑같이 곱해질 수 있는데 0만은 그럴 수 없다.

그렇다면 0을 특별 대우하지 않으면 어떤 일이 벌어질까?

분모와 분자에 0을 곱해 보자.

$$\frac{1}{2}=\frac{1\times0}{2\times0}=\frac{0}{0}, \ 즉 \ \frac{1}{2}=\frac{0}{0}$$

보이는 것처럼 엄청난 모순을 불러온다. 그럼 이번에는 분모와 분자를 0으로 나누어 보자.

$$\frac{5}{10}=\frac{5\div0}{10\div0}=?$$

이때 $10\div0$, $5\div0$은 얼마일까? 글쎄다.

여기서 우리는 "모든 수는 0으로 나눌 수 없다."는 또 하나의 특별 대접을 만난다. 0을 제외한 모든 수는 나눌 수 있는데 0으로는 나눌 수 없다는 것이다.

그렇다면 0으로 나누면 어떤 일이 벌어질까?

나눗셈은 곱셈의 역연산이므로 $5\div0=\square$에서 $5=\square\times0$이다. 이때 오른쪽 변 $\square\times0=0$이므로 $5=0$이 되는 엄청난 모순을 불러일으킨다.

수학에서 이런 모순이 일어나면 큰일이다. 조화로운 수학적 체계가 와르르 무너져 버리기 때문이다. 그러니 질서 잡힌 수학 세계를 유지하기 위해서는 0을 특별 대우할 수밖에 없다.

이렇게 특별한 대우를 받고 자란 0은 여러 면에서 좀 독특하다.

모든 수의 절댓값은 2개라고 큰 소리로 말할 때, 0은 조용히 "난 예외야. 0의 절댓값은 0 하나뿐이거든."이라고 말한다.

또 "모든 수를 제곱하면 양수야."라고 당당히 말할 때, 0은 조용히 "난 예외야. 0을 제곱하면 0이거든."이라고 말한다.

이런 이유로 숫자 0은 언제든지 따로 생각해 보는 습관을 길러야 한다. 그렇지 않으면 어떤 함정에 빠질지 모른다.

 ## 정수를 품고 있는 유리수, 넌 누구니?

(정수)÷(정수)는 반드시 정수일까?

아니다. 정수 아닌 새로운 수가 나타나기도 한다. 이때 나타나는 새로운 수가 바로 '유리수'이다. 물론 이때의 나눗셈에 0이 개입해서는 안 된다. 이미 살펴보았듯 수학 체계의 모순을 피하기 위해 어떤 수든 0으로 나누어서는 안 되기 때문이다.

따라서 유리수는 (정수)÷(정수)에서 태어나지만 0으로 나누어서는 안 되므로 다음과 같이 약속한다.

$$유리수 = \frac{정수}{0이\ 아닌\ 정수}$$

즉 유리수는 분모가 0이 아닌 분수 꼴로 나타낼 수 있는 수이다. 다시 말해서 분수 꼴로 나타낼 수 있으면 그 수는 유리수이다.

예를 들어 $\frac{2}{3}$, 3, -2, $-\frac{1}{2}$, 0, …은 모두 유리수이다. 이 중에 3, -2, 0은 정수이기도 하고 유리수이기도 한다. 왜냐하면 정수는 $3=\frac{3}{1}$, $-2=-\frac{2}{1}$, $0=\frac{0}{1}$처럼 언제나 분수 꼴로 나타낼 수 있기 때문이다.

그러니까 유리수는 자연수와 정수 그리고 정수 아닌 분수를 모두 품고 있는 거대한 집단의 수이다. 아마 여러분이 "수~!" 하고 부르면 유리수가 대답할 정도로 대부분의 수가 유리수이다.

하지만 원주율로 알려진 3.141592…는 분수 꼴로 나타낼 수 없으므로 유리수가 아니다.

다음은 유리수가 품고 있는 식구들이다.

유리수 $\begin{cases} \text{정수} \begin{cases} \text{양의 정수} : 1, 2, 3, \cdots \\ 0 \\ \text{음의 정수} : -1, -2, -3, \cdots \end{cases} \\ \text{정수가 아닌 유리수} : -\frac{1}{2}, +2.5, \frac{2}{3}, 1.5, \cdots \end{cases}$

이 같은 유리수도 정수처럼 수직선 위의 점으로 나타낼 수 있다. 다음 그림과 같이 수직선 위의 양의 유리수는 0을 나타내는 점의 오른쪽에, 음의 유리수는 0을 나타내는 점의 왼쪽에 나타낸다.

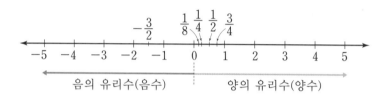

자연수나 정수를 나타내는 수직선은 1씩 간격을 두고 띄엄띄엄 늘어서 있기 때문에 듬성듬성 틈이 보이지만 유리수는 다르다. 위의 수직선에서처럼 유리수와 유리수의 사이에 또 다른 유리수를 얼마든지 넣을 수 있기 때문이다.

예를 들어 유리수 0과 $\frac{1}{8}$ 사이에 유리수 $\frac{1}{16}$을 넣을 수 있고, 또 유리수 0과 $\frac{1}{16}$ 사이에 또 다른 유리수 $\frac{1}{32}$, … 이런 식으로 얼마든지 두 수 사이에 또 다른 유리수를 넣을 수 있다.

이렇게 유리수를 수직선에 계속해서 넣다 보면 수직선은 유리수로 빽빽해지는데 그것을 '유리수의 조밀성'이라 부른다. 얼핏 생각하면 이 유리수의 조밀성 때문에 수직선은 유리수로 꽉 채워져서 틈이 전혀 없을 것 같아 보이지만 실제로는 유리수와 유리수 사이에 틈이 있다. 그것은 모래로 가득 채워진 비커에 물을 부어 모래 사이에 틈이 있다는 것을 확인하는 것과 같은데, 중학교 3학년에 가면 유리수로 채워진 수직선에도 틈이 있다는 것을 직접 확인하게 될 것이다.

교과 정수나 유리수의 크기 비교는 어떻게 할까?

크기를 비교한다는 것! 대소를 구분한다는 것! 이 둘은 같은 말이다. 사람의 키나 몸무게를 서로 비교할 수 있듯이 모든 정수와 유리수의 크기도 서로 비교할 수 있다. 즉 대소를 구분할 수 있다.

일반적으로 대소 구분은 0을 기준으로 크고 작음을 따지지만 절댓값을 이용해 크고 작음을 따지는 경우도 있다. 양수끼리 비교할 때는 절댓값이 큰 수가 크지만, 음수끼리 비교할 때는 절댓값이 큰 수가 더 작기 때문이다.

이를 정리하면 다음과 같다.

> • 0을 기준으로 양수는 0보다 크고, 음수는 0보다 작다.
> • 0을 기준으로 양수는 음수보다 크다.
> • 양수끼리는 절댓값이 큰 수가 더 크다.
> • 음수끼리는 절댓값이 큰 수가 더 작다.

다음 그림과 같이 수직선을 이용하면 좀 더 확실하게 알 수 있다.

수직선을 보면 오른쪽으로 갈수록 수가 커지고, 왼쪽으로 갈수록 수가 작아진다. 때문에 두 정수나 유리수를 수직선에 나타냈을 때 오른쪽에 있는 수가 왼쪽에 있는 수보다 더 크다는 것을 알 수 있다.

정수 −1과 −4 중에서 누가 더 큰 수인지 수직선을 이용해서 알아보자. 수직선에 나타내 보면 −1이 −4보다 오른쪽에 있다. 수직선에서 오른쪽에 있는 수가 왼쪽에 있는 수보다 크기 때문에 오른쪽에 있는 −1이 −4보다 큰 수임을 알 수 있다.

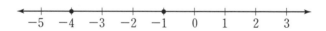

여기서 우리는 둘 다 음수일 때는 절댓값이 큰 수, 즉 원점에서 멀리 떨어져 있는 수가 더 작다는 것을 알 수 있다. 하지만 둘 다 양수일 때는 절댓값이 큰 수, 즉 원점에서 멀리 떨어져 있는 수가 더 크다.

하지만 두 수의 부호가 서로 다르면 양수가 음수보다 크다는 것 하나만 기억하고 있으면 모든 것이 해결된다. 이를테면 1과 −4 중에 큰 수는 양수 1이고, 3과 −1 중에 큰 수는 양수 3인 것처럼 말이다.

 ### 대소 관계를 나타내는 수학 기호를 해석할 수 있니?

수학 기호는 상표를 나타내는 트레이드마크와 같다.

상표들이 브랜드의 가치와 이념을 품고 있는 것처럼 수학 기호도 그 안에 많은 의미를 포함하고 있다. 대소 관계를 나타내는 다음의 수학 기호들을 보고 그 기호들이 품고 있는 의미를 살펴보자.

기호	$a>b$	$a<b$	$a \geq b$	$a \leq b$
해석	a는 b보다 크다. a는 b 초과이다.	a는 b보다 작다. a는 b 미만이다.	a는 b보다 크거나 같다. a는 b보다 작지 않다. a는 b 이상이다.	a는 b보다 작거나 같다. a는 b보다 크지 않다. a는 b 이하이다.

위의 표처럼 우리는 수학 기호를 해석할 수 있어야 한다. 그리고 더 나아가 어떤 문장이나 말을 수학 기호로 나타낼 줄도 알아야 한다.

'어떤 수 a는 −2보다 크거나 같고 5보다 작다'를 $-2 \leq a < 5$처럼 바꿔 표현하는 것처럼 말이다.

그렇다. 수학을 공부하는 우리 친구들은 수학 기호가 품고 있는 의미를 해석할 수 있어야 하고, 복잡한 문장이나 말을 간단한 수학 기호로 표현할 수도 있어야 한다.

자, 실전에 임해 보자!

다음과 같은 문장은 어떤 수학 기호를 사용해 나타낼 수 있을까?

'불과 몇 십 년 만에 세상이 이렇게 달라졌어요?'

당황하고 있을 여러분의 모습이 눈에 훤하다. 그래, 전체 문장을 모두 수학 기호로 사용해 표현하기는 어려워 보인다.

그럼 이 문장에서 '몇 십 년'을 수학 기호로 표현한다면?

몇 십 년은 몇 년과도 또 몇 백 년과도 다르다. 때문에 몇 십 년은 몇 년이 아니므로 10년 이상이어야 하고, 게다가 몇 백 년도 아니기 때문에 100년 미만이어야 한다.

자, 몇 십 년을 문자 x로 간주하여 대소 관계를 표시해 보자.

$10 \leq x < 100$으로 표기할 수 있다.

참고로 크거나 같은 것의 수학기호 $\geq$는 $>$ 또는 $=$를 의미하고, 작거나 같은 것의 수학기호 $\leq$는 $<$ 또는 $=$를 의미한다.

그렇다면 $3 \leq 4$는 맞는 표현일까 틀린 표현일까?

$3 \leq 4$는 $3 < 4$ 또는 $3 = 4$이므로 $3 < 4$는 맞고 $3 = 4$는 틀리다. 따라서 이것이 맞는 표현인지 틀린 표현인지 애매해진다.

자, 기억해 두자. $3 \leq 4$는 맞는 표현이다. $<$와 $=$는 '또는'으로 연결되기 때문이다. '또는'은 '그렇지 않으면'을 뜻하므로 둘 중 하나만 맞아도 참이 된다.

정수의 덧셈, 뺄셈

정수의 덧셈과 뺄셈에는 어떤 규칙이 있을까?

어린이가 붕붕카를 타고 이동하는 동작을 상상하면서 정수의 덧셈에 대한 규칙을 찾아보자.

첫째, 붕붕카를 타고 시작하는 곳은 원점이다. 원점에서 오른쪽으로 2만큼 붕붕 뛰어 이동한 뒤 거기서 다시 오른쪽으로 3만큼 붕붕 뛰어올라 이동하면 도착 지점은 어디일까? 수직선에서 확인하면 다음과 같다.

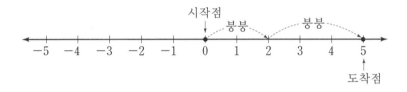

이것을 간단한 수식으로 나타내면 $(+2)+(+3)=+5$이다.

이번에는 원점에서 왼쪽으로 1만큼 이동한 뒤 거기서 다시 왼쪽으로 3만큼 이동하기로 하자. 그때 붕붕카의 위치는 어디에 있을까? 마찬가지로 수직선에서 확인하면 다음과 같다.

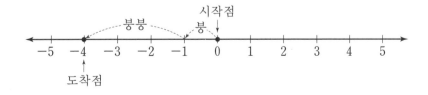

이것을 간단한 수식으로 나타내면 $(-1)+(-3)=-4$이다.

이 같은 둘의 상황을 수식으로 표현한 $(+2)+(+3)=5$, $(-1)+(-3)=-4$에서 다음과 같은 규칙을 찾아낼 수 있다.

'부호가 같은 두 정수의 덧셈은 두 수의 절댓값의 합에 공통인 부호를 붙인다.' 즉 $(+5)+(+4)=+(5+4)=+9$, $(-4)+(-3)=-(4+3)=-7$이다.

이번에는 같은 쪽으로만 이동하는 것이 아니라 서로 반대 방향으로 움직인 경우를 생각해 보자.

원점에서 붕붕카를 타고 오른쪽으로 4만큼 이동한 뒤 거기서 방향을 틀어 왼쪽으로 1만큼 이동하는 것이다. 이때 붕붕카의 위치는 어디일까? 수직선에서 확인하면 다음과 같다.

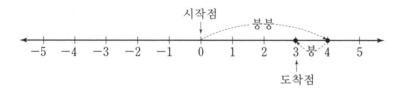

이것을 간단한 수식으로 나타내면 $(+4)+(-1)=+3$이다.

또 원점에서 왼쪽으로 5만큼 이동한 뒤 거기서 방향을 틀어 오른쪽으로 2만큼 이동할 경우도 수직선을 이용하여 확인하면 다음과 같다.

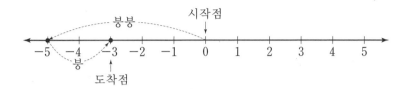

이것을 간단한 수식으로 나타내면 $(-5)+(+2)=-3$이다.

이처럼 붕붕카의 위치를 수직선에 표시해 두면 움직이는 붕붕카의 위치를 금방 알 수 있다.

수직선을 이용하여 보여준 상황을 수식으로 표현한 $(+4)+(-1)=+3$, $(-5)+(+2)=-3$에서 또 다음과 같은 규칙을 찾아낼 수 있다.

"부호가 다른 두 정수의 덧셈은 두 수의 절댓값의 차에 절댓값이 큰 수의 부호를 붙인다."

즉 $(+5)+(-4)=+(5-4)=+1$, $(-4)+(+3)=-(4-3)=-1$이다.

결국, 정수의 덧셈은 크게 2가지로 생각할 수 있다.

부호가 같은 두 정수의 덧셈은 절댓값의 합에 공통인 부호를 붙인다.

부호가 다른 두 정수의 덧셈은 절댓값의 차에 절댓값이 큰 수의 부호를 붙인다.

$$5, 7과$$
$$똑같은 부호$$

$$(+5) \; + \; (+7) \; = \; + \; (5+7)$$

$$(-5) \; + \; (-7) \; = \; - \; (5+7)$$

$$5, 7과$$
$$똑같은 부호$$

부호가 같을 땐!

$$5와 \; 7 \; 중 \; 숫자가$$
$$큰 \; 것의 \; 부호$$

$$(+5) \; + \; (-7) \; = \; - \; (7-5)$$

$$(-2) \; + \; (+6) \; = \; + \; (6-2)$$

$$2와 \; 6 \; 중 \; 숫자가$$
$$큰 \; 것의 \; 부호$$

부호가 다를 땐!

그렇다면 정수의 뺄셈은 어떻게 할까?

정수의 뺄셈은 덧셈으로 고쳐서 계산하므로 덧셈을 하는 방법만 알고 있으면 간단하다.

정수의 뺄셈은 $4-(-5)=4+(+5)$처럼 빼는 수의 부호를 바꾸어 더한다. 때문에 정수의 뺄셈은 빼는 수의 부호를 바꾸어 덧셈으로 고칠 줄만 알면 된다.

정수의 곱셈

정수의 곱셈에는 어떤 규칙이 있을까?

다음과 같이 자연수의 곱셈으로부터 규칙성을 찾아내어 양수와 음수를 곱했을 때 어떤 부호가 될지 알아보자.

$$3 \times 3 = 9$$
$$3 \times 2 = 6$$
$$3 \times 1 = 3$$
$$3 \times 0 = 0$$
$$3 \times (-1) = -3$$
$$3 \times (-2) = -6$$

3 감소
3 감소
3 감소
3 감소
3 감소

위 계산을 보면 곱하는 수가 1씩 줄어듦에 따라 그 결과 값은 3씩 감소하는 규칙을 발견할 수 있다. 따라서 $3 \times (-1)$의 값은 0보다 3만큼 줄어든 -3임을 알 수 있다. 또 $3 \times (-2)$는 -3보다 다시 3만큼 작은 -6이고 말이다.

이 같은 규칙에 따라 (양의 정수)×(음의 정수)=(음의 정수)이다.

따라서 부호가 다른 두 정수의 곱셈에서는 다음처럼 두 수의 절댓값의 곱에 음의 부호($-$)를 붙여 주면 된다.

$$(+5) \times (-4) = -(5 \times 4) = -20$$
$$(-4) \times (+3) = -(4 \times 3) = -12$$

그렇다면 (음의 정수) × (음의 정수)의 부호는 무엇일까?
같은 방법으로 생각해 보자.

$$(-3) \times 2 = -6$$
$$(-3) \times 1 = -3$$
$$(-3) \times 0 = 0$$
$$(-3) \times (-1) = 3$$
$$(-3) \times (-2) = 6$$

3 증가
3 증가
3 증가
3 증가

위 계산을 보면 곱하는 수가 1씩 줄어듦에 따라 그 결과 값은 3씩 증가하는 규칙을 발견할 수 있다. 따라서 $(-3) \times (-1)$의 값은 0보다 3만큼 증가한 $+3$이고, 또 $(-3) \times (-2)$는 $+3$보다 다시 3만큼 증가한 $+6$임을 알 수 있다.

이 같은 규칙에 따라 (음의 정수) × (음의 정수) = (양의 정수)이다.

따라서 부호가 같은 두 정수의 곱셈에서는 다음처럼 두 수의 절댓값의 곱에 양의 부호(+)를 붙이면 된다.

$$(+5) \times (+4) = +(5 \times 4) = +20$$

$$(-4) \times (-3) = +(4 \times 3) = +12$$

이렇게 정수의 곱셈은 부호에 주의해야 하는 것만 잊지 않으면 매우 간단하다. 부호가 바뀐다는 사실만 제외하면 초등학교 때에 배운 곱셈과 다를 게 전혀 없기 때문이다.

결론적으로 정수의 곱셈은 크게 2가지로 생각할 수 있다.

> • 부호가 같은 두 정수의 곱셈 : 절댓값의 곱에 양의 부호(+)를 붙인다.
>
> $$(+) \times (+) = (+)$$
> $$(-) \times (-) = (+)$$
>
> • 부호가 다른 두 정수의 곱셈 : 절댓값의 곱에 음의 부호(−)를 붙인다.
>
> $$(+) \times (-) = (-)$$
> $$(-) \times (+) = (-)$$

 정수의 **나눗셈**

나눗셈은 "$4 \times \square = 8$이면 $8 \div 4 = \square$이다."에서 알 수 있듯이 거꾸로
된 곱셈이다. 따라서 정수의 곱셈과 나눗셈 사이에도 다음과 같은 특별
한 관계가 성립한다.

$$(+4) \times (+3) = (+12) \text{에서 } (+12) \div (+4) = (+3)$$
$$(-4) \times (+3) = (-12) \text{에서 } (-12) \div (-4) = (+3)$$
$$(+4) \times (-3) = (-12) \text{에서 } (-12) \div (+4) = (-3)$$
$$(-4) \times (-3) = (+12) \text{에서 } (+12) \div (-4) = (-3)$$

정수의 나눗셈도 정수의 곱셈처럼 부호에만 주의하면 어렵지 않다. 나눗셈에서는 두 수의 부호가 같으면 ＋, 다르면 －를 붙여 주면 된다.

정수의 나눗셈은 다음과 같이 크게 2가지로 생각할 수 있다.

첫째, 부호가 같은 두 정수의 나눗셈의 몫은 각 절댓값의 나눗셈의 몫에 양의 부호(＋)를 붙인다.

둘째, 부호가 다른 두 정수의 나눗셈의 몫은 각 절댓값의 나눗셈의 몫에 음의 부호(－)를 붙인다.

단, $0 \div 2 = 0$, $0 \div (-2) = 0$처럼 0을 0이 아닌 수로 나누면 그 몫은 언제나 0이다. 또 0으로 나누는 경우는 생각하지 않기로 한다.

참고로 정수의 나눗셈은 초등학교에서처럼 나누는 수의 역수를 취해 곱셈으로 고쳐서 계산할 수도 있다.

$6 \div 2 = 6 \times \dfrac{1}{2} = \dfrac{6}{2} = 3$, $\dfrac{3}{4} \div \dfrac{3}{2} = \dfrac{3}{4} \times \dfrac{2}{3} = \dfrac{2}{4} = \dfrac{1}{2}$처럼 말이다.

마찬가지로 유리수의 나눗셈도 $(+3) \div \left(-\dfrac{3}{4} \right) = (+3) \times \left(-\dfrac{4}{3} \right)$ $= -4$처럼 나누는 수를 그 역수로 바꾸어 곱셈으로 고쳐서 계산할 수 있다.

한편, 유리수의 사칙계산은 정수와 같은 방법으로 계산하면 되므로 따로 언급하지 않을 것이다. 다만 정수 아닌 유리수의 덧셈과 뺄셈은 분모를 통분하여 계산해야 하는데 이것 역시 초등학교에서 배운 분수 계산과 별 다를 것이 없으므로 생략한다.

혼합 셈을 할 때도 약속을 지켜라

$6+(-12) \div 3 \times (-2) - (-7)$ 처럼 덧셈, 뺄셈, 곱셈, 나눗셈이 섞여 있는 복잡한 계산에서는 어느 것을 먼저 계산해야 할지 막막할 때가 있다. 순서대로 풀면 되지 뭐가 문제야 하고 생각하는 친구들도 있겠지만 수학에서는 사칙연산을 할 때 정해 둔 약속이 있기 때문에 무조건 순서대로 풀어서는 원하는 답을 얻을 수 없다. 이제는 조금 지겨운 얘기겠지만 수학은 약속을 기반으로 체계를 유지하는 학문이므로 정해진 약속은 반드시 기억하고 지켜 주어야 한다.

다음이 바로 우리가 잊지 말아야 할 사칙계산에서의 약속이다.

첫째, 거듭제곱이 있으면 거듭제곱을 먼저 계산한다.

둘째, 괄호가 있으면 괄호를 먼저 계산하되 소괄호, 중괄호, 대괄호 순으로 한다.

셋째, 곱셈과 나눗셈은 주어진 순서대로 계산하되 덧셈, 뺄셈보다 먼저 계산한다.

복잡하다고 느낄까 봐 다음 그림에 계산 순서대로 번호 표시를 해 놓았다. 정해진 순서대로 계산해 보면서 혼합셈을 익혀 보자.

$$6+(-12) \div 3 \times (-2) - (-7)$$

① ② ③ ④

$$-7-(-3)^2 \times (-2)$$

① ② ③

가우스가 계산하는 방법은 뭐가 다를까?

다음은 19세기 독일 수학자 가우스의 초등학교 시절 일화이다.

덧셈을 가르치던 선생님이 복습도 시키고 아이들이 문제를 푸는 동안 휴식도 좀 취할 겸 칠판에 다음과 같은 문제를 냈다.

"1부터 100까지의 수를 모두 더한 값을 구해 보세요."

아, 생각만 해도 시간이 오래 걸릴 것 같다.

한데 얼마 지나지 않아 소년 가우스가 문제의 답을 구했다며 손을 번쩍 들었다. 선생님은 깜짝 놀라고 말았다. 문제의 답을 구하려면 한 시간은 꼬박 걸릴 것이라 예상했는데 벌써 답을 구했다니!

선생님은 놀란 얼굴로 물었다.

"어떻게 해서 답을 구했지?"

가우스는 거침없이 대답을 하기 시작했다.

"1부터 100까지의 수 중 처음 수인 1과 마지막 수인 100을 더하면 101이고요, 또 두 번째 수인 2하고 마지막 전의 수인 99를 더해도 101, 세 번째 수도 마찬가지고요. 이런 식으로 두 수를 짝지어 더하니까 모두 101이었어요. 그래서 저는 101에 100을 곱했지요. 그런데 이것은 1부터 100까지 두 번 더한 셈과 같으니까 그것을 다시 2로 나누어 답 5050을 냈습니다."

소년 가우스는 다른 친구들이 1+2=3, 3+3=6, 6+4=10, …처럼 선생님이 가르쳐 준 대로 하나하나 더해 계산하고 있을 때 자신만의 독창적인 계산법을 사용해 좀 더 쉽고 빠르게 답을 구하는 방법을 찾아낸 것이다. 가우스의 계산법대로 우선 1부터 100까지 수의 합을 구해 보자.

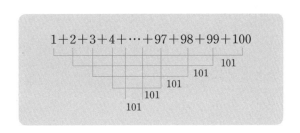

위의 그림처럼 처음 수와 마지막 수인 100을 더하면 101, 또 두 번째 수 2와 마지막 전의 수 99를 더해도 101, …이런 식으로 둘씩 짝지어 더하면 둘씩 짝지은 수의 합은 마지막 수보다 1 큰 수인 101이다. 이때 합이 101인 수는 (마지막 수)÷2, 즉 $\dfrac{100}{2}=50$(개)이므로 식으로 나타내면

$(100+1) \times \dfrac{100}{2} = 101 \times 50 = 5050$이다.

이와 같은 방법으로 1부터 n까지의 합 $1+2+3+\cdots+n$을 계산할 수 있을까?

처음 수와 마지막 수, 두 번째 수와 마지막 바로 앞의 수, …이런 식으로 둘씩 짝지은 수의 합은 마지막 수 n보다 1 큰 수이므로 '$n+1$'이다. 이때 합이 $n+1$인 수는 (마지막 수)÷2, 즉 $\dfrac{n}{2}$(개)이다.

$$1+2+\cdots+(n-1)+n=(n+1) \times \dfrac{n}{2}=\dfrac{n(n+1)}{2}$$

이것이 바로 1부터 n까지의 합을 일반화시켜 얻어낸 공식이다.

벌써부터 이마를 잔뜩 찡그리고 있을 우리 친구들의 얼굴이 눈에 선하다. 어렵더라도 가우스의 새로운 시도를 잊지 말고 꼭 기억해 두자.

고등학교 수학 교과과정에 포함된 수열에서 이 공식을 다시 만나게 될 터이니 말이다.

문자와 식

문자와
식

 교과 **문자를 사용한 식의 매력은?**

"어떤 수를 두 배 한 뒤 5를 더하면 3이 된다."

"$2x+5=3$이다."

외양으로 판단하면 이 둘은 서로 달라 보인다. 하지만 둘은 같다.

하나는 식으로 변형하지 않고 긴 문장으로 적어 내려간 것이고, 다른 하나는 문자를 써서 간단한 식으로 표현한 것으로 둘이 의미하는 바는 같다.

이때 문자를 사용하기 이전의 수학을 '산수' 혹은 '산술'이라고 부르고, 문자를 사용하여 나타내는 수학의 이름을 '숫자를 대신한다'는 뜻으로 '대수'라고 부른다.

예를 들어 $2+(-7)$, $(-10)÷2$처럼 문자를 다루지 않는 것이 산수이고, $2x+1=5$, $a+b=10$처럼 문자를 쓰게 되면 대수가 되는 것이다.

예에서 확인할 수 있듯이 대수와 산수의 가장 큰 차이점은 문자를 사용하느냐 그렇지 않느냐에 있다. 수학을 싫어하는 친구들은 수학 문제를 풀때 어째서 문자까지 사용해 가며 고생해야 하느냐고 울분을 토할지도 모르겠다. 하지만 문자나 기호를 사용하면 수만을 사용할 때보다 훨씬 많은 것을 설명할 수 있다는 이점이 있으므로 문자에 익숙해질 필요가 있다.

수학자이자 과학자였던 뉴턴은 산술과 대수의 차이를 다음과 같이 말했다.

"산술은 알고 있는 양으로부터 구하고자 하는 양으로 나아간다. 그러나 대수는 반대로 모르는 미지의 양을 마치 아는 것처럼 다루면서 미리 주어져 있는 양으로 식을 세워 나간다. 이 점이 대수의 뛰어난 점이다. 그래서 산술로는 풀 수 없는 어려운 문제도 대수에서는 쉽게 풀 수 있다."

뉴턴이 말하는 산술보다 위대한 대수, 공감이 가는가?

다음 문제를 풀면서 생각해 보자.

一百饅頭一百僧 일 백 만 두 일 백 승	만두 백 개와 스님 백 명
大僧三箇事無爭 대 승 삼 개 사 무 쟁	큰스님은 세 개씩 먹어야 싸움이 없고
小僧三人分一箇 소 승 삼 인 분 일 개	작은 스님은 한 개를 셋이 나눠 먹는다
幾是大僧幾小僧 기 시 대 승 기 소 승	큰스님과 작은 스님은 몇 명일까?

－ 난법가難法家

이 문제를 번역하면 만두 백 개와 스님 백 명이 있는데 만두를 큰스님에게는 3개씩 나누어 드리고, 작은 스님에게는 세 사람당 1개씩 나누어 드리면 딱 맞는다는 것이다.

이때 말로 표현된 양과 수 사이의 관계를 다음과 같이 문자로 바꾸어 보자.

우선 큰스님의 수를 x명이라 해두면, 작은 스님의 수는 $(100-x)$명이다. 큰스님에게 드린 만두 총 개수와 작은 스님에게 드리는 만두 총 개수의 합은 100개이므로 긴 문장의 한시는 간단히 $3x+\dfrac{100-x}{3}=100$으로 나타낼 수 있다.

일상 언어(말)	수학 언어(문자와 기호)
큰스님의 수	x
작은 스님의 수=100−(큰스님의 수)	$100-x$
(큰스님에게 드린 만두 총 수)+ (작은 스님에게 드린 만두 총 수)=100	$3x+\dfrac{100-x}{3}=100$ 풀면 $x=25$

모르는 큰스님의 수를 마치 아는 것처럼 x명이라 하고 식을 세운다는 것! 그 식이 간결하고 명확하다는 것! 식을 풀어 답을 쉽게 얻을 수 있다는 것 등이 대수의 매력이다.

이처럼 식에 문자를 사용하는 새로운 대수학을 전개함으로써 수학은 급속도로 발전하기 시작했다.

아! 그리고 수학에서의 문자와 기호는 세계가 공통으로 사용하고 있다. 홍철이가 영어 한마디 모른 채로 외국에 나가 시험을 보게 된다 해도 수학 문제가 기호와 문자만으로 이루어져 있다면 거뜬히 풀 수 있다. 나라마다 언어는 달라도 수학에서 사용하는 기호나 문자는 모두 같기 때문이다.

각 나라의 사다리꼴 넓이를 구하는 식을 예로 들어 보자.

- 우리나라 : 사다리꼴의 넓이는 다음과 같다.

$$S = \frac{(a+b)h}{2}$$

- 미국 : The area formula for trapezoid is as follows.

$$S = \frac{(a+b)h}{2}$$

- 중국 : 梯梯形面積是.

$$(a+b) \times h \div 2$$

여기서 알 수 있는 것은 무엇을 구하는 식인지에 대한 소개 외에 사다리꼴 넓이를 구하는 식은 만국 공통으로 똑같이 적혀 있다는 것이다.

문자! 넌 어떻게 태어났니?

수학에서 문자는 언제부터 쓰기 시작했을까?

처음으로 기호를 쓰기 시작한 사람은 3세기경 그리스 수학자 디오판토스이다. 디오판토스는 방정식을 세울 때, 긴 문장제에 쓰이는 단어 대신 간단히 줄인 축약어를 사용했다. 모르는 수는 γ로 나타내거나 모르는 수의 제곱을 Δ^γ로 적거나 하는 식으로 말이다. 이러한 축약은 오늘날 우리가 쓰는 문자에 비하면 엉성하기 짝이 없지만 최초로 대수를 시도했다는 점에서 우리는 디오판토스를 대수학의 아버지라고 부른다.

그러다가 시간이 훌쩍 지나 17세기에 이르러서야 프랑스 수학자 비에트가 문자 기호에 알파벳을 사용하기 시작했고, 이후 수학자 데카르트가 오늘날과 같이 거듭제곱의 표기로 x^2을 쓰면서 단순화된 기호법이 완

성되었다.

그렇다면 데카르트 이전 사람들은 x^2을 어떻게 표현했을까? x^2에 익숙한 우리가 보기엔 조금 웃겨 보이지만 비에트는 x^2을 x quad로, 영국의 수학자 해리엇은 xx로 나타냈다고 한다.

이렇게 오늘날 우리가 부담 없이 쓰고 있는 문자식은 17세기 말 데카르트 이후에서야 제대로 사용되기 시작했기 때문에 수학 기호의 역사는 그리 오래 되지 않았다고 할 수 있다.

 ## 교과 문자를 사용한 식을 만들어 봐

수 계산은 누구보다 잘하는데 문자만 나오면 버벅거리는 친구들이 의외로 많다. 1개에 1000원 하는 아이스크림을 3개 사고 5000원 냈을 때 거스름돈은 자연스럽게 받아오면서도 x원짜리 아이스크림을 3개 사고 5000원 냈을 때 거스름돈이 얼마냐는 물음에는 당황하는 친구들이 은근히 많은 것처럼 말이다.

그런데 잘 보자. 이 둘의 차이가 무엇인지 말이다.

둘의 차이는 아이스크림 가격이 1000원에서 x원으로 바뀐 것밖에 없다. 그러니까 5000원 내고 1000원짜리 아이스크림 3개 사고 남은 거스름돈이 $5000-1000\times3$이면 x원짜리 아이스크림을 3개 사고 남은 거스름돈은 1000 대신 x를 써서 나타낸 $5000-x\times3$이다.

이렇게 하나하나 헤쳐 보면 별 어려움이 없는데도 버벅거리는 이유는 익숙지 않기 때문이다. 우리는 습관적으로 숫자를 써서 계산을 하지 문자를 사용하지는 않으니 말이다. 그렇기 때문에 우리 친구들이 문자가 등장하는 수학 언어에 겁을 먹지 않으려면 무엇보다 문자에 익숙해져야 한다.

문자를 써서 식을 만들어 보자.

어떤 사람이 500원짜리 연필을 1개 사면 지불할 금액은 $500 \times 1 = 500$(원)이다. 또 2개 사면 지불할 금액은 $500 \times 2 = 1000$(원)이다. 따라서 다음과 같다.

$$3개 \ 사면 \ 500 \times 3 = 1500(원)$$
$$4개 \ 사면 \ 500 \times 4 = 2000(원)$$
$$\vdots$$

이때 지불할 금액은 연필 개수에 따라 달라진다는 것을 알 수 있다.

(지불할 금액) $= 500 \times$ (연필 개수)이다.

여기서 여러 가지 값으로 변하는 연필 개수 대신 문자 x를 사용하면

(지불할 금액) $= 500 \times x$(원)으로 나타낼 수 있다.

이와 같이 구체적인 값이 주어지지 않고 변하는 수량을 나타낼 때 문자를 사용하면 간단하고 편리하다.

용합 **시청 앞 광장에 모여든 군중의 수는 어떻게 아는 거야?**

와우! 발 디딜 틈이 없네. 몇 명이 모인 거야? 가수 싸이의 무료 공연을 즐기기 위해 서울 시청 앞 광장에 모인 수많은 인파를 보고 하는 소리다. 이때 군중의 숫자는 어떻게 셀까? 사람 수가 적다면 손가락으로 셀 수도 있겠지만 천 명, 아니 만 명쯤 되는 사람들이 모여든 광장이라면, 더구나 그 인파가 들락날락 움직이기라도 한다면 손가락셈은 아무래도 무리일 것이다.

이럴 때 면적에 밀도를 곱해서, 즉 (면적)×(밀도)＝(총 인원)으로 전체 사람 수를 알아내는 방법이 있다고 한다. 한 사람이 차지하는 밀도만 알면 모여든 사람 수를 어림잡아 계산할 수 있다는 것이다. 이때 밀도라 하면 '일정한 지역의 단위 면적에 대한 인구 수의 비율'을 말한다.

1960년대 미국 캘리포니아 대학교 허버트 제이컵스 교수에 따르면 인구밀도가 낮은 집회에서는 한 사람이 차지하는 면적은 $0.9m^2$이고, 인구밀도가 높은 집회에서는 $0.405m^2$라고 한다. 이 말에서 우리는 모인 사람 수가 적으면 그만큼 한 사람이 차지하는 면적은 넓고, 사람이 많이 모이면 모일수록 한 사람이 차지하는 면적은 작다는 것을 알 수 있다.

그렇다면 허버트 제이컵스 교수가 말한 대로 인구밀도가 낮을 경우 면적 $1m^2$에는 몇 명이 모일 수 있을까?

인구밀도가 낮을 경우 한 사람이 차지하는 면적은 $0.9m^2$이므로 비례

식 $1:0.9=x:1$에서 알 수 있듯이 $1m^2$에는 약 1.1(명)으로 생각할 수 있다. 이와 같은 방법으로 인구밀도가 높을 경우도 계산해 보면 $1m^2$당 약 2.5명이 모일 수 있다는 것을 알 수 있다.

이를 토대로 $15000m^2$인 시청 앞 광장에 모인 시민의 수를 추산할 수 있다. 만약 듬성듬성 모여 인구밀도가 낮다면 $15000 \times 1.1 ≒ 16500$(명)일 것이고, 빽빽하게 들어찼다면 $15000 \times 2.5 = 37500$(명)으로 예상할 수 있다. 그런데! 가수 싸이의 공연에 참석하기 위해 시청 앞 광장에 모인 인원수는 무려 8만 명이 넘었다고 한다.

아이고, 허버트 제이컵스 교수의 계산법이 틀린 걸까?

꼭 그렇진 않다. 하버트 제이컵스 교수는 인구밀도가 높을 경우 $1m^2$

당 약 2.5명이 모인다고 가정했지만 실제 현실에서 1m²당 사람들이 틈 없이 선다면 2.5명이 아니라 5명 정도가 함께 설 수 있기 때문이다. 1m² 당 5명으로 계산해 보자. 15000×5=75000이다. 여기에 엄마 아빠 어깨에 매달린 어린아이들까지 감안한다면! 오, 8만 명이 시청 앞 광장에 모였을 수도 있다.

이런 식으로 문자를 사용하면 면적이 Am²인 광장에 모인 사람 수를 다음과 같이 아주 간단하게 계산할 수 있는 공식이 만들어진다.

인구밀도가 낮다면 $A \times 1.1$(명)이고, 인구밀도가 높다면 $A \times 2.5$(명) 처럼 계산해 얼마든지 그곳에 모인 군중의 수를 알아낼 수 있다. 만약 월요일 조회가 지루하다면 강당에 모인 학생 수를 계산해 보면 어떨까? 시간이 휙휙 지나갈 것이다!

융합 고고학자의 셈법

만약 탈의실이 없는 옷가게에서 바지나 치마를 사야 한다면 어떻게 맞는 사이즈를 찾을 수 있을까? 생활 속 지혜들을 꿰고 있는 친구라면 자연스레 바지나 치마를 자신의 목에 둘러 보고 맞는 사이즈를 찾을 것이다.

이런 방법이 가능한 것은 무엇 때문일까? 허리둘레는 목둘레의 2배라는 비례의 상관관계를 맺고 있기 때문이다.

이와 같은 신체 부분들끼리 맺고 있는 상관관계는 고고학자들도 즐겨 이용한다. 뼈의 길이를 가지고 사람의 키를 알아내는 것처럼 말이다.

그렇다면 뼈의 길이와 사람의 키는 어떤 상관관계를 맺고 있을까?

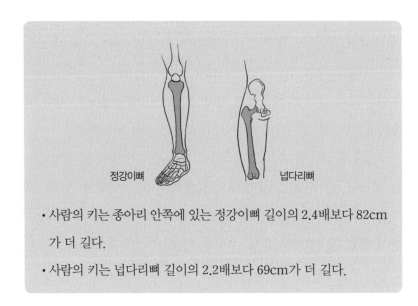

정강이뼈   넙다리뼈

- 사람의 키는 종아리 안쪽에 있는 정강이뼈 길이의 2.4배보다 82cm
  가 더 길다.
- 사람의 키는 넙다리뼈 길이의 2.2배보다 69cm가 더 길다.

이 같은 관계를 이용하면 신체 일부인 정강이뼈나 넙다리뼈의 길이만
으로도 그 뼈를 지녔던 사람의 키를 대충 예상할 수 있다.

문자를 사용해 나타내면 다음과 같은 등식을 얻는다.

어떤 사람의 정강이뼈의 길이가 $a$cm일 때 키 h는 $h=(2.4a+82)$cm
이고, 어떤 사람의 넙다리뼈의 길이가 $b$cm일 때 키 h는 $h=(2.2b+69)$cm이다.

따라서 정강이뼈 길이가 40cm인 사람의 키는 대략 $h = 2.4a + 82 = 2.4 \times 40 + 82 = 96 + 82 = 178$cm이다.

물론 이러한 계산은 대략적 결과물을 제공할 따름이다. 인간 각자는 신체 구조의 특징이 모두 다르기 때문이다. 허리가 무척 길고 다리가 매우 짧은 사람도 있지 않은가? 때문에 좀 더 정확한 결론을 내기 위해서는 신체의 여러 부분을 모두 고려해 조합할 필요가 있다.

교과 수학 용어는 제대로 알아야

싸이, 동방신기, 스폰지밥…… 등등 우리가 이름을 정해 부르는 이유는 무엇일까? 무엇보다 구분을 쉽게 하기 위해서일 것이다. 이름을 정해 두면 다른 무엇과 헷갈릴 일이 없어진다.

수학에서도 마찬가지다. 일차식, 일차방정식, 동류항…… 등등 식이나 수학 개념 하나하나에 이름을 정해 둔 이유도 부르기 쉽고 구별하기 편하도록 하기 위함이다. 수학에선 이와 같은 이름들을 '수학 용어'라고 한다.

지금부터 그 이름을 알아보기로 하자. 수학 용어를 잘못 알고 있으면 오답이 발생하므로 하나하나 잘 기억해 두어야 한다.

'항'이란 무엇일까?

항이란 식을 구성하는 각각의 요소로, 식 $5000 - 5b$에서 5000, $-5b$

각각을 의미한다. 따라서 $5000-5b$는 항이 2개인 식이고, $3a$는 항이 하나인 식, $a+2b+3$은 항이 3개인 식이라고 할 수 있다.

여기서 식 $a+2b+3$의 경우, 수만으로 되어 있는 항 3을 '상수항'이라고 한다. 또 몇 개의 항을 포함하고 있느냐에 따라 '다항식'과 '단항식'으로 구별하기도 한다.

계수란 무엇일까?

계수란 문자 앞에 곱해진 수를 말한다. 예를 들어 $4x^3$에서 문자 x^3 앞에 곱해진 수 4가 x^3의 계수이다. 또 $3a$에서 a의 계수는 3이고, $5000-5b$에서 b의 계수는 -5이다. 이때 주의해야 할 것은 x^2이나 $-x$처럼 문자 앞의 수가 생략된 경우이다. $x^2=1\times x^2$이므로 x^2의 계수는 '없다'가 아니라 1이고, $-x=(-1)\times x$이므로 x의 계수는 -1이다.

차수란 무엇일까?

곱해진 문자의 개수를 차수라 한다. 예를 들어 a^3에서 $a^3=a\times a\times a$이므로 a가 3개 곱해진 a^3의 차수는 3이다.

$3a$는 $3\times a$이므로 문자 a가 1개 곱해져 있으므로 차수는 1이고, x^2은 $x\times x$이므로 차수는 2이다. 이처럼 곱해진 문자가 한 가지인 경우에는 거듭제곱의 지수가 바로 차수가 된다.

문자를 사용한 식에도 이름이 있다고?

문자를 사용하여 식을 만들어놓고 보면 다음과 같이 그 식의 모양이 참으로 다양하다.

- 한 권에 a원인 공책을 3권 샀을 때 공책 값
$$a \times 3 = 3a(원)$$

- 한 자루에 b원인 연필을 5자루 사고 5000원을 냈을 때 받는 거스름돈
$$5000 - b \times 5 = 5000 - 5b(원)$$

- 밑변의 길이와 높이가 각각 a, b인 삼각형의 넓이
$$\frac{1}{2} \times a \times b = \frac{ab}{2}$$

- 윗변의 길이가 a, 아랫변의 길이가 b, 높이가 h인 사다리꼴의 넓이
$$(a+b) \times h \div 2$$

- 가로, 세로가 x인 정사각형의 넓이
$$x \times x = x^2$$

이렇게 다양한 식을 특징별로 분류해 볼 수는 없을까? 다양한 휴대폰을 터치폰이니 폴더폰이니 하고 나누는 것처럼 말이다.

그럼 문자를 사용하여 얻은 식을 분류해 보자.

우선 $3a$, $3abxy$, $4x^2$ 등이나 $5000 - 5b$, $(a+b) \times h \div 2$, $a^3 + 4$ 등

처럼 1개 혹은 2개 이상인 항의 합으로 이루어진 식을 모두 모아 그것의 이름을 다항식이라 해 두고, 그런 다항식 중에서 $3a$, $5000-5b$처럼 차수가 1인 것의 이름은 일차식, 또 $x \times x = x^2$처럼 차수가 2인 것의 이름은 이차식… 이런 식으로 다항식을 끼리끼리 분류하여 정리하면 다음과 같다.

$$\text{다항식} \begin{cases} \text{일차식} : 3a, \dfrac{ab}{2}, 5000-5b, \cdots \\[2mm] \text{이차식} : x^2, 3x^2+5, \cdots \\[2mm] \text{삼차식} : a^3+4 \\[2mm] \quad\quad\quad \vdots \end{cases}$$

참고로 다항식 중에서 $3a$, $\dfrac{ab}{2}$, x^2처럼 항이 1개뿐인 것을 특별히 단항식이라고 부른다. 때문에 $3a$, $\dfrac{ab}{2}$, x^2은 다항식이면서 단항식이다. 이때 다항식에서 다多는 '많다'라는 뜻이고, 단항식에서 단單은 '하나'라는 뜻으로 단항식은 모두 다항식이다.

일차식, 이차식과 같은 다항식 중에서 중학교 1학년인 우리 친구들은 일차식에 대해서 공부한다.

식에도 스타일이 있다고?

TV 프로그램 〈개그콘서트〉를 '개콘', 남자친구를 '남친'으로 줄여서 간단히 나타내는 언어 스타일이 있듯이 문자를 써서 나타내는 식에도 나름의 스타일이 있다. 식 스타일은 다음과 같은 여섯 가지 약속에 따라 결정된다.

첫째, 수와 문자, 문자와 문자의 곱에서는 곱셈 기호를 생략한다는 약속이다.

따라서 $2 \times a = 2a$, $x \times y = xy$처럼 나타내야 한다. 이때 '개콘' 하면 개그콘서트를 생각할 수 있듯이 $2a$ 하면 $2 \times a$를 생각할 수 있어야 한다.

둘째, 수와 문자의 곱에서는 수를 문자 앞에 쓴다는 약속이다.

따라서 $x \times 5$, $a \times 3 \times b$는 곱셈 기호를 생략하고, 수를 문자 앞에 둬 $x \times 5 = 5x$, $a \times 3 \times b = 3ab$처럼 나타내야 한다.

셋째, 1 또는 -1과 문자의 곱에서는 1을 생략한다는 약속이다.

따라서 $x \times 1$, $(-1) \times y$는 곱셈 기호와 1을 생략하여 $x \times 1 = 1x = x$, $(-1) \times y = -1y = -y$로 나타내야 한다.

넷째, 같은 문자의 곱은 지수를 사용하여 거듭제곱의 꼴로 나타낸다는 약속이다.

따라서 $a \times a \times b \times b \times b$, $4 \times x \times x$는 곱셈 기호를 생략하고, 수는 문자 앞에 쓰고, 또 같은 문자의 곱은 거듭제곱을 써서 $a \times a \times b \times$

$b=a^2b^3$, $4 \times x \times x \times x = 4x^3$처럼 나타내야 한다.

다섯째, 나눗셈 기호를 생략할 때에는 나눗셈을 곱셈으로 고쳐서 분수의 꼴로 나타낸다는 약속이다.

따라서 $x \div y = \dfrac{x}{y}$, $(a-b) \div 2 = \dfrac{a-b}{2}$처럼 나타내야 한다.

여섯째, 괄호가 있는 식과 수의 곱은 곱셈 기호를 생략하고 수를 괄호 앞에 쓴다는 약속이다.

따라서 $(x+y) \times 5 = 5(x+y)$, $(a+b) \times \dfrac{1}{2} \times h = \dfrac{1}{2}(a+b)h$처럼 나타내야 한다.

이처럼 문자를 써서 식을 나타낼 때는 정해 둔 약속에 따라 간결하면서도 명확하게 표현할 필요가 있다. 그래야 오류 발생을 방지할 수 있으므로 위에 제시한 여섯 가지 약속을 반드시 기억해 두자.

끼리끼리 유유상종

"고양이 세 마리와 강아지 두 마리를 봤어" 하면 "아~ 그래" 하다가도 "고양이 세 마리와 고양이 두 마리를 봤어" 하면 "아~ 그래. 그러면 넌 고양이 다섯 마리를 봤구나" 한다. 이처럼 셈을 할 수 있는 인간은 같은 것끼리 한꺼번에 모아서 간단히 나타내고 싶어한다.

'같은 것끼리'에 주목하여 $2x+3x$를 간단히 나타내 보자.

$$2x+3x=2\times x+3\times x$$
$$=(2+3)\times x$$
$$=5\times x$$
$$=5x$$

이처럼 분배법칙을 이용하여 계산하면 $2x+3x=5x$이다. 문자를 사용한 식에서도 끼리끼리 모아서 간단히 계산할 수 있다.

이때 $2x$, $3x$와 같이 문자와 차수가 같은 항들을 그 문자에 대한 '동류항'이라고 하는데, 동류항에서 동류는 '같은 무리'라는 뜻이다. 특히 상수항끼리는 모두 동류항이다.

예를 들어 $2x+4-5x-7$에서 $2x$와 $-5x$ 또 4와 -7은 동류항이

다. 이때 x는 x끼리, 상수항은 상수항끼리 끼리끼리 모아서 계산하면 $2x+4-5x-7=(2x-5x)+(4-7)=-3x-3$이다. 이처럼 동류항이 있는 다항식은 동류항끼리 모으고 분배법칙을 이용하면 간단히 계산할 수 있다.

참고로 $x+x^2$에서 x와 x^2은 문자는 같으나 차수가 달라 동류항이 아니므로 더 이상 간단히 계산할 수 없다.

교과 문자를 다시 수로 돌려줘, 식의 값

수학에서 문자는 주로 수를 대신한다.

한 켤레에 20000원짜리 신발을 두 켤레 샀다고 하는 대신에 한 켤레에 x원 하는 신발을 두 켤레 샀다고 표현하는 것처럼 말이다. 이때 한 켤레에 20000원 하는 신발 두 켤레의 값은 $20000 \times 2 = 40000$(원)이지만, 한 켤레에 x원 하는 신발 두 켤레의 값은 $x \times 2 = 2x$(원)이다. 이처럼 수는 언제든지 문자로 대신하여 쓸 수 있고, 또 문자는 언제든지 수로 바꿀 수도 있다.

이때 신발 x원짜리 두 켤레의 값 $2x$(원)은 다음과 같이 신발 값 x에 따라 달라진다. $x=5000$이면 5000원짜리 신발을 두 켤레 산 것이므로 $2x=2 \times 5000 = 10000$(원)이고 $x=70000$이면 70000원짜리 신발을 두 켤레 산 것이므로 $2x=2 \times 70000 = 140000$(원)이다.

이처럼 식 $x \times 2 = 2x$에 들어 있는 문자 x에 어떤 수 5000, 70000들을 바꾸어 넣는 것을 '문자에 수를 대입代入한다'고 한다. 이때 대입하여 얻은 값을 '식의 값'이라고 한다.

예를 들어 문자를 사용한 식 $2x$에 x 대신 25,000을 대입하면 $2x = 2 \times 25000 = 50000$이 되고 이때 식의 값은 50000이 되는 것처럼 말이다.

이렇게 우리는 특정한 수 대신에 문자를 쓸 수 있고, 그 반대로 문자 대신에 수를 대입할 수도 있다. 그리고 후자의 경우, 그러니까 문자 대신에 수를 대입하여 값을 얻는다면 그 결과 값이 바로 식의 값이 된다.

 교과 ## 수 계산을 넘어선 것들! 문자식이 해결해

세상엔 알고 보면 편리한 것들이 참 많다. 문자식도 그중 하나다. 문자식이 아주 유용하게 사용되는 문제를 풀어 보자.

> 형은 동생보다 4살 많고 두 사람의 나이의 합이 26일 때, 형과 동생의 나이는 각각 몇 살일까?

만약 문자식을 사용할 수 없다면 우리는 이 문제를 고대 이집트인들이 썼다는 가정법으로 풀어야 한다. 한번 가정법으로 시도해 볼까?

만약 동생의 나이를 1살이라고 가정하면 형의 나이는 동생보다 4살 많으므로 형의 나이는 $1+4=5$, 즉 5살이다. 이때 두 사람의 나이의 합은 $1+5=6$이므로 26이 아니다.

만약 동생이 2살이라면 형의 나이는 $2+4=6$이므로 두 사람의 나이의 합은 $2+6=8$이다. 따라서 역시 26이 아니다.

만약 동생이 10살이라면 형의 나이는 $10+4=14$, 즉 14살이므로 두 사람 나이의 합은 $10+14=24$이므로 26이 아니다.

하지만 동생의 나이가 11살이라면 형의 나이는 $11+4=15$이므로 두 사람의 나이의 합은 정확히 $11+15=26$이다.

지금까지 가정법을 사용하여 동생의 나이는 11살이고 형의 나이는 15살임을 알아낼 수 있었다. 아이코, 너무 복잡하다. 이제 문자로 식을 세워 같은 문제를 풀어 보자.

모르는 것을 마치 아는 것처럼 생각하여 동생의 나이를 x살이라고 하면, 동생보다 4살 위인 형의 나이는 $(x+4)$살이고, 두 사람의 나이의 합은 26이므로 $x+(x+4)=26$이다. 방정식을 풀면 $x=11$. 따라서 동생의 나이는 11살, 형의 나이는 15살이다.

어떤가? 가정법보다는 문자를 써서 푸는 것이 훨씬 간단하지 않은가? 이것이 바로 산수와 대수의 차이다. 가정법을 써서 수를 하나하나 대입해 푼 수학이 산술 혹은 산수이고, 문자를 써서 풀어내는 수학이 대수이다. 이렇게 문자식은 복잡한 문제를 해결할 때 편리하게 이용된다.

문자식을 아는 나는 독심술사다

상대방이 어떤 생각을 하는지 알아맞히는 사람을 독심술사라고 한다. 실제로 상대방의 생각을 들여다보기는 힘들겠지만 문자식을 사용하면 수에 관해서는 독심술사가 되어 볼 수 있다. 옆 자리 친구에게 한번 시도해 보자.

> **생강** : 고래, 네가 좋아하는 수를 나에게 말하지 말고 생각만 해두고 있어.
>
> **고래** : 으음~ 좋아 생각해 뒀어.
>
> **생강** : 네가 생각해 둔 수에 3을 곱한 뒤 9를 더해. 그리고 그 수를 3으로 나눠 봐.
>
> **고래** : 좋아. 다 구했어.
>
> **생강** : 네가 구한 수에서 처음 생각해 둔 수를 빼면 3이지?
>
> **고래** : 생강, 너 독심술사구나.

생강은 어떻게 고래가 생각해 둔 수를 맞힐 수 있었을까?

아주 간단하다. 고래가 처음에 생각해 둔 수를 x라고 하면 생강이 시키는 대로 이 수에 3을 곱한 뒤 9를 더한 수는 $3x+9$이다. 그런 뒤 다시 이 수를 3으로 나누면 $\dfrac{3x+9}{3}=x+3$이다.

이때 $x+3$에서 처음 생각해 둔 수 x를 빼면 $(x+3)-x=3$이다.

그렇다! 처음에 고래가 어떤 수를 생각해 두더라도 계산한 결과는 항상 3이 된다. 이제 생강의 독심술 트릭이 밝혀졌다. 결과 값이 항상 일정한 문자식만 만들 줄 알면 오케이다!

이처럼 문자를 사용하면 복잡한 내용을 간결하게 표현할 수 있다.

교과 등식은 어떤 성질이 있을까?

법을 대표하는 상징물로서 정의의 여신상이 있다. 전 세계적으로 정의의 여신상은 대부분 오른손에 칼을, 왼손에는 양팔저울을 들고 있다. 여기서 저울은 개인간의 권리 관계에 대한 다툼을 해결하는 것을 의미하고, 칼은 사회 질서를 파괴하는 사람에 대하여 제재를 가하는 것을 의미한다.

우리나라도 대법원 건물에 들어서면 수평저울 또는 접시저울이라고도 하는 양팔저울을 들고 있는 조각상을 만날 수 있는데, 법과 정의의 밀접성을 이해하고 정의를 인격화시킨 정의의 여신상이야말로 법을 대표하는 상징물로 여기고 있다.

수학에도 이러한 수평의 의미를 고스란히 담고 있는 것이 있다. 바로 '등식의 성질'이다. 등식의 성질에서 양변은 한 치의 오차도 없이 평형을 유지한다. 그럼 등식의 성질을 좀 더 자세히 알아보자.

1. 등식의 양변에 같은 수를 더하여도 등식은 성립한다.

   $a=b$이면 $a+c=b+c$이다.

2. 등식의 양변에 같은 수를 빼도 등식은 성립한다.

   $a=b$이면 $a-c=b-c$이다.

3. 등식의 양변에 같은 수를 곱하여도 등식은 성립한다.

   $a=b$이면 $a \times c=b \times c$이다.

4. 등식의 양변에 0이 아닌 같은 수로 나누어도 등식은 성립한다.

   $a=b$이면 $\dfrac{a}{c}=\dfrac{b}{c}$(단, $c \neq 0$)이다.

이렇게 양변의 평형을 유지하는 등식의 성질은 일차방정식을 푸는 중요한 열쇠가 된다. 꼭 기억해 두도록 하자!

 **방정식은 등식에서 태어났다**

방정식은 등식에 포함된다. 때문에 방정식을 제대로 알기 위해서는 우선 등식이 무엇인지부터 알아야 할 필요가 있다.

등식이란 간단히 말해 등호를 사용하여 나타낸 식이다. 즉 둘 이상의 수나 식의 값이 서로 같다는 것을 나타낸 식이다. 예를 들어 $4+5=9$, $1-3x=7$, $x^2-4=0$과 같은 식들은 모두 등호를 사용하여 나타낸 식으로 등식이다. 이때 등식에서 등호의 왼쪽에 있는 부분을 '좌변', 오른쪽 부분을 '우변'이라고 하며 좌변과 우변을 통틀어 '양변'이라고 한다. 말하자면 등식 $1-3x=7$에서 $1-3x$는 좌변이고, 7은 우변이다.

이런 등식 중에서 $1-3x=7$, $x^2-4=0$처럼 문자가 들어 있는 등식의 이름이 '방정식'이다. 방정식은 미지수 x의 값에 따라 참이 되기도 하고 거짓이 되기도 하는데, 여기서 미지수란 방정식에 들어 있는 문자로 아직 알지 못하는 수를 말한다.

한편, 방정식과 어깨를 나란히 하는 등식이 또 하나 있다. 바로 '항등식'이다. 항등식이란 등식 중에 미지수 x의 값에 상관없이 항상 참인 것으로 미지수에 어떤 수를 대입해도 항상 참이 되는 등식을 말한다. 예를 들어 $3(x-2)=3x-6$은 미지수 x와 상관없이 항상 참인 등식으로 항등식이다. 항등식에서는 미지수 x에 어떤 수를 대입해도 좌변과 우변이 항상 같다.

어떤 등식이 항등식인지 아닌지를 확인할 때에는 일일이 모든 수를 대

입하여 확인하기보다는 등식의 좌변 또는 우변을 간단히 정리하여 양변
의 식이 같은지를 비교해 보는 것으로 충분하다. $3(x-2)=3x-6$의 경
우에는 분배법칙에 따라 양변이 같으므로 항등식이다.

지금까지의 내용을 정리해 보자.

등식은 크게 방정식과 항등식으로 나눌 수 있다. 그리고 이때 방정식
은 미지수 x의 값에 따라 참이 되기도 하고 거짓이 되기도 하는 등식을,
항등식은 미지수 x와 상관없이 항상 참인 등식을 말한다.

$$\text{등식}\begin{cases}\text{방정식} : 2x=4,\ 3x-4=5,\ x^2=4,\ \cdots \\ \text{항등식} : 2x+4=2(x+2),\ 1+2x=2x+1,\ \cdots\end{cases}$$

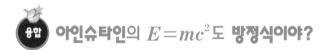 융합 **아인슈타인의 $E=mc^2$도 방정식이야?**

한 해 210억 원을 벌어들인 야구 선수가 있다고 하자. 이 같은 사실을
접하면 누구나 "일 년에 210억 원이면 한 달에 얼마를 버는 거야?" 또는
"시간당 얼마를 벌지?"와 같은 궁금증을 가질 것이다. 이 같은 궁금증을
해결하려면 방정식이 필요하다.

연봉이 210억 원인 야구 선수가 한 달에 버는 돈을 x원이라 할 때
$12x=210$이므로 한 달에 17억 5000만 원을 벌어들인다는 것을 아는 것

처럼 말이다.

그렇다면 방정식은 어떻게 만들어질까?

야구 선수의 예를 다시 한 번 생각해 보자. 연봉은 한 해 동안 벌어들인 수입을 말한다. 연수와 수입의 관계가 연봉으로 나타나는 것이다. 이처럼 방정식은 서로 관계가 있는 것에서 규칙을 찾아 문자를 사용할 때 만들어진다.

다른 예도 들어보자.

하나, 아인슈타인의 방정식 $E=mc^2$이 있다. E는 에너지, m은 질량, c는 빛의 속도를 나타내는 것으로 셋의 관계를 조사하여 만들어 놓은 방정식이다.

둘, 옛날에 도성의 문을 여닫고 하루의 시각을 알리는 데 쓰였다던 제야의 종소리의 주인공 보신각종에도 그 소리를 어디까지 울려 퍼지게 할 까 하는 생각을 담아낸 등식 $V = 0.6x + 331$(기온이 $x℃$일 때 소리 속력 V) 이 있다.

셋, 여름이면 날씨만큼이나 검색 빈도가 높은 불쾌지수(D)에도 기온 $a℃$와 습도 $b\%$를 이용하여 $D = 40.6 + 0.71(a+b)$처럼 나타내는 등식 이 있다.

이처럼 방정식은 문자나 기호를 사용한 등식으로 인간이 생각하고 상 상하던 것을 간결하게 정리해 준다는 점에서 두루 사용되고 있다.

방정식은 언제 태어난 거야?

방정식은 언제 지구상에 태어났을까?

지금으로부터 약 4000여 년 전쯤에 쓰여졌다는 고대 이집트 아메스 파 피루스에는 다음과 같은 '아하 문제'가 수록되어 있다고 하는데, 지금까 지는 그것을 가장 오래된 방정식 문제로 보고 있다. 여기서 '아하'란 알지 못하는 값, 즉 미지수를 뜻한다.

> 아하와 아하의 $\frac{1}{7}$의 합이 19일 때, 아하를 구하여라.

하지만 오늘날 우리가 사용하는 방정식이라는 수학 용어는 중국의 가장 오래된 수학책인『구장산술九章算術』에서 유래했다. 워낙 오래된 과거의 일이라 누가 이 책을 썼는지, 또 언제 만들어졌는지 정확하게 알려진 바는 없지만 학자들은 지금으로부터 약 2000년 전에 만들어지지 않았을까 하고 추측하고 있다.

『구장산술』은 총 9권으로 되어 있는데 그중에서 8권의 제목이 '방정'이다. 이 방정에서 방方은 정방형정사각형이나 장방형직사각형의 방으로서 '네모' 혹은 '사각'을 의미하고, 정程은 '할당하다'를 뜻하는 것으로 방정方程은 수들을 네모 모양으로 늘어놓고 계산하는 것을 뜻한다. 일테면 오늘날 다음과 같은 연립방정식의 문제를 다음 그림과 같이 사각형 모양으로 수를 배치하여 풀었다는 것이다. 실제 푸는 방법은 2학년 과정에서 다룰 것이다.

$$
\begin{cases} 3x+2y+z=39 \\ 2x+3y+z=34 \\ x+2y+3z=29 \end{cases} \rightarrow
\begin{array}{ccc} 1 & 2 & 3 \\ 2 & 3 & 2 \\ 3 & 1 & 1 \\ 29 & 34 & 39 \end{array}
$$

연립방정식

중국에서 쓰는 방정과 비슷한 뜻을 가지는 영어 단어는 Equation으로 등식을 의미한다. 결국 방정식이란 미지수 x의 값에 따라 참이 되기도 하고, 거짓이 되기도 하는 Equation등식이다.

교과 일차방정식 풀이의 일등 공신은 등식의 성질

아무것도 없는 무인도에 단 1개의 물건만을 가져갈 수 있다면 요즘 사람들은 무얼 선택할까? 개인에 따라 다양한 물건이 나오겠지만 많은 사람들이 휴대전화를 선택하지 않을까?

현대인과 휴대전화와의 떼려야 뗄 수 없는 관계처럼 수학에서 등식의 성질과 방정식은 매우 밀접한 관계를 맺고 있다. 일차방정식의 답을 쉽게 구하기 위해서는 등식의 성질이 반드시 필요한 것처럼 말이다.

그렇다면 등식의 성질을 알지 못했던 고대에는 어떻게 미지수의 값을 구할 수 있었을까? 미지수 x에 숫자들을 일일이 대입해 볼 수밖에 없었을 것이다. 다음을 보자.

x에 숫자들을 일일이 대입해서 일차방정식 $x+\dfrac{1}{2}x=1$을 푸는 과정이다. x 대신 1을 대입하면 등식의 좌변은 $1+\dfrac{1}{2}\times1=\dfrac{3}{2}$이다. 이것은 우변 1보다 크므로 거짓이다. 즉 $x\neq1$이다.

이번에는 x 대신 1보다 좀 더 작은 수 $\dfrac{1}{2}$을 대입하면 좌변은 $\dfrac{1}{2}+\dfrac{1}{2}\times\dfrac{1}{2}=\dfrac{3}{4}$으로 우변 1보다 작다. 따라서 $x\neq\dfrac{1}{2}$이다.

아, 이런 식으로 x 대신 수를 하나하나 대입해서 우변 1을 얻어내기란 쉽지 않다. 하지만 다음과 같이 등식의 성질을 이용하면 아무리 복잡한 일차방정식이라도 쉽게 풀어 낼 수 있다!

$$x + \frac{1}{2}x = 1 \ \text{(등식의 양변에 2를 곱한다.)}$$

$$2x + x = 2$$

$$3x = 2 \ \text{(등식의 양변을 3으로 나눈다.)}$$

$$\frac{3x}{3} = \frac{2}{3}$$

$$\therefore x = \frac{2}{3}$$

교과 등식의 성질이 낳은 이항

일차방정식 풀이법의 일등공신은 등식의 성질이다. 그리고 등식의 성질을 이용하여 방정식을 풀다 보면 '이항'을 만나게 된다. 이항이란 한마디로 '항을 옮긴다'는 것을 의미한다. 이때 한 변에 있는 항을 그 부호를 바꿔 다른 변으로 옮긴다. 이를테면 $5x - 7 = 6x + 8$을 풀 때 좌변의 -7이 우변으로 옮겨져 $+7$이 되는데 이항한 결과이다. 비슷한 개념의 일상 언어를 찾아 보면 사는 곳을 옮긴다는 개념의 '이사'를 떠올릴 수도 있겠다.

이항은 중학교 2학년 '등식의 변형'에서도 등장하브로 이 자리에서 그 개념을 확실하게 짚고 넘어가자.

등식의 성질을 이용하여 일차방정식 $x - 1 = 5$를 직접 풀어 보면서 이항을 만나 보기로 하자.

$$x-1=5 \cdots ①$$

$x-1+1=5+1$ (등식의 양변에 각각 1을 더한다.)

정리하면

$x=5+1 \cdots ②$이다.

이때 ①과 ②를 비교해 보면 ①에서 등식의 좌변에 있던 항 -1이 ②에서는 $+1$로 부호가 바뀌어서 등식의 우변으로 옮겨 감을 알 수 있다.

이렇게 등식의 성질을 이용하여 등식의 어느 한 변에 있는 항을 그 부호를 바꾸어 다른 변으로 옮기는 것을 이항이라고 한다. 이때 잊지 말아야 할 것은 이항을 하게 되면 반드시 옮겨지는 항의 부호가 바뀐다는 것이다.

$$\underset{\text{이항}}{x-1=5 \Rightarrow x=5+1}$$

좌변에 있는 항을 우변으로 이항하듯이 우변에 있는 항을 좌변으로 이항할 수도 있다. 예를 들어 $13=5x+3$에서 우변에 있는 항 $+3$을 좌변으로 옮기면 $13-3=5x$이다.

또 다음과 같이 우변에 있는 항 $2x$를 좌변으로, 좌변에 있는 항 13을 우변으로 동시에 이항할 수도 있다.

$$4x+13=2x+5$$

$$4x-2x=5-13$$

일반적으로 일차방정식을 풀 때는 문자가 들어 있는 항은 좌변으로, 상수항은 우변으로 이항하여 양변을 정리하면 $ax=b$(단, a, b는 상수 $a\neq 0$)꼴로 나타내진다. 이때 양변을 x의 계수 a로 나누면 $x=\dfrac{b}{a}$인 해를 얻는다.

이처럼 이항은 등식의 성질을 한 단계 업그레이드하여 얻어낸 일차방정식 풀이법이다. 그래서 이항을 이용하여 일차방정식의 해를 구하면 그만큼 답을 구하는 속도가 빨라질 수밖에 없다. 물론 이항하는 방법을 몰라도 등식의 성질만 사용할 줄 알면 얼마든지 일차방정식의 해를 구할 수는 있다. 그저 이항을 사용하여 답을 구할 때만큼의 문제풀이 속도가 나지 않을 뿐이다.

 ## 등식의 성질을 이용할 때의 오개념 1호

등식의 성질은 제대로 사용하면 일차방정식의 해를 쉽게 구할 수 있게 해주지만 잘못 사용하면 큰 오류의 원인이 되기도 한다. 다음은 등식의 성질을 이용할 때 가장 빈번하게 발생하는 오류 중의 하나이다.

일차방정식 $0.2x-0.4=1$을 풀 때 계수에 소수가 있으므로 정수로 바꾸기 위해 등식의 성질을 써서 등식의 양변에 10을 곱해 주기로 하는데, 이때 대부분의 사람들은 소수점이 있는 항에만 10을 곱하여 $2x-4=1$ 이라고 계산하는 오류를 범한다. $2x-4=10$이어야 하는데 말이다.

이 같은 오류는 등식의 성질 "등식의 양변에 같은 수를 곱하여도 등식은 성립한다."를 제대로 이해하지 못한 데서 기인한다.

주어진 문제를 제대로 풀면 다음과 같다.

$$0.2x-0.4=1 \text{ (등식의 양변에 각각 10을 곱한다.)}$$
$$2x-4=10$$
$$2x=10+4$$
$$2x=14$$
$$\therefore x=7$$

또 $\dfrac{x+3}{2}=1+\dfrac{x-1}{3}$ 을 풀 때도 마찬가지다.

$$\dfrac{x+3}{2}=1+\dfrac{x-1}{3} \text{ (등식의 양변에 각각 6을 곱한다.)}$$
$$3(x+3)=6+2(x-1)$$
$$3x+9=6+2x-2$$
$$3x-2x=6-2-9$$
$$\therefore x=-5$$

위 처럼 풀어야 할 것을 흔히 다음처럼 잘못 푸는 경우가 있다.

$$\frac{x+3}{2}=1+\frac{x-1}{3}$$

$$3(x+3)=1+2(x-1) \quad \text{(우변 정수 1에는 6을 곱하지}$$
$$\text{않았다는 오류)}$$

$$3x+9=1+2x-2$$

$$3x-2x=1-2-9$$

$$\therefore x=-10$$

다시 말하지만 이 두 경우 모두 등식의 성질 "등식의 양변에 같은 수를 곱하여도 등식은 성립한다"를 제대로 사용하지 못한 데서 오는 오류이니 주의해야 한다.

교과 일차식과 일차방정식에서의 오개념 1호

$x+\frac{1}{7}x$와 $x+\frac{1}{7}x=0$은 서로 같은 식일까 아니면 다른 식일까? 결론부터 말하면 서로 다른 식이고 그 차이는 엄청나게 크다. 얼핏 보면 등호가 있고 없고의 사소한 차이처럼 보여 대수롭지 않게 생각할 수도 있지만 전혀 그렇지 않다.

우선 등호가 없는 식 $x+\frac{1}{7}x$의 이름은 일차식이고, 등호가 있는 식 $x+\frac{1}{7}x=0$의 이름은 일차방정식이다. 일차식 $x+\frac{1}{7}x$는 등호가 없기 때문에 등식이 아니다. 따라서 등식의 성질을 쓸 수가 없고 $x+\dfrac{1}{7}x=$ $\dfrac{7x}{7}+\dfrac{x}{7}=\dfrac{8x}{7}$ 처럼 통분해서 정리하는 것이 전부다. 즉 $x+\dfrac{1}{7}x=\dfrac{8x}{7}$ 이다.

하지만 방정식 $x+\dfrac{1}{7}x=0$ 은 등호가 있는 등식이므로 등식의 성질을 쓸 수가 있다. 따라서 등식의 성질을 써서 풀면 다음과 같다.

$$x+\dfrac{1}{7}x=0 \ (\text{등호를 기준으로 양변에 각각 7을 곱한다.})$$
$$7x+1x=0$$
$$8x=0$$
$$\dfrac{8x}{8}=\dfrac{0}{8}$$
$$\therefore \ x=0$$

이처럼 등호가 있고 없고에 따라 결과 값은 엄청나게 달라지고, 등식의 성질은 등호가 있는 등식에서만 쓸 수 있다는 것을 꼭 기억해 두자.

 묘비명으로 유명한 수학자 디오판토스

혹시 여러분 중에도 자신의 묘비명을 미리 정해 둔 사람이 있을지 모르겠다. 여기 세상에 건네는 마지막 인사라고도 불리는 묘비명으로 유명한 사람들이 있다. 19세기 영국의 극작가 버나드 쇼는 "우물쭈물하다 내 이럴 줄 알았다"라는 묘비명을 남겼다. 우리나라 천상병 시인은 "나 소풍 다녀간다", 어니스트 헤밍웨이는 "일어나지 못해 미안하오", 스탕달은 "살고, 쓰고, 사랑했다", 걸레 스님으로 유명한 중광 스님은 "괜히 왔다 간다"라고 새겼다.

이처럼 짧은 묘비명만으로도 그 사람의 삶이 모두 읽히는 것을 보면 문자가 마치 마술 같다. 물론 짧은 묘비명만 있는 것은 아니다.

앞서도 언급한 적 있는 수학자 디오판토스는 수수께끼 같은 장문의 묘비명으로 유명하다.

보라!

여기에 디오판토스의 영혼이 잠들어 있다.

그리고 디오판토스 일생의 기록이 있다.

신의 축복으로 태어난 그는

그 생애의 $\frac{1}{6}$은 소년이었고,

그 후 $\frac{1}{12}$이 지나서 수염이 나기 시작했고,

또다시 $\frac{1}{7}$이 지나서 결혼했다.

그가 결혼한 지 5년 뒤에 아들이 태어났으나

그 아들은 아버지의 반밖에 살지 못했다.

그는 아들이 죽은 지 4년 후에 죽었다.

디오판토스의 나이를 미지수 x로 하면 어떤 방정식을 만들 수 있을까?
다음의 식으로 표현할 수 있다.

$$\frac{x}{6}+\frac{x}{12}+\frac{x}{7}+5+\frac{x}{2}+4=x$$

$$\therefore x=84(세)$$

이제 수학 속 문자에 대해 공부하였으니 다음과 같은 디오판토스의 생애를 읽어낼 줄 알아야 할 것이다.

디오판토스 이전에는 수학에 기호가 존재하지 않아 문자를 쓸 줄 몰랐다는 것, 디오판토스에 이르러서야 문자로 식을 나타낼 수 있었다는 것, 이로써 산수가 아닌 대수가 태어났다는 것, 이런 이유로 디오판토스를 대수학의 아버지라고 부른다는 것 등 말이다.

함수

함수

 교과 함수란 짝짓기다

인간이 태어나서 가장 먼저 하는 일은 무엇일까? 아마 하나하나 이름을 붙여 가며 대상을 인지하는 행위가 아닐까? 뽀뽀해 준 사람은 엄마, 책 읽어 주는 사람은 아빠, 외출할 때 발에 신은 것은 신발, 소리를 내는 것은 딸랑이처럼 말이다.

이렇게 아기가 처음 본 대상들에 하나하나 이름을 붙이면서 짝을 짓는 것을 수학 용어로는 '일대일 대응'이라고 한다. 그리고 이와 같은 일대일 대응 관계를 포함하여 여러 대응 관계를 수학적으로 연구하는 것이 바로 '함수'이다.

다음 표와 같이 이름과 대상이 짝지어지는 것은 함수이다.

□	★	○	♥	3	x
네모	별	동그라미	하트	삼	y

하지만 위 표와 같은 함수는 식으로 표현할 수 없다. 이처럼 식으로 나타낼 수 없는 함수는 수학에서는 큰 의미가 없다. 다음 표를 보자.

x	15	14	13	12
y	9	10	11	12

이 표는 하루 24시간 중 낮의 길이를 x시간, 밤의 길이를 y시간이라 할 때, x와 y 사이의 관계를 나타낸 것으로 하나에 하나가 짝지어졌기 때문에 함수이다. 게다가 식으로도 표현할 수 있다.

이 둘의 관계를 식으로 나타내면 $x+y=24$, 즉 $y=24-x$이다. 이때 x, y와 같이 여러 가지로 변하는 값을 나타내는 문자를 '변수'라고 한다. 두 변수 x와 y 사이에 x의 값이 하나 정해지면 그에 따라 y의 값이 단 하나 정해지는 대응 관계가 있을 때, y를 x의 함수라 하고, 기호로는 $y=f(x)$와 같이 나타낸다. 참고로 $y=f(x)$에서 f는 영어로 함수를 의미하는 function의 첫 글자이다.

그렇다면 다음 표와 같이 자연수를 x, x의 약수를 y라 할 때, x와 y 사이의 관계는 함수일까, 아닐까?

x	1	2	3	4	5	$\cdots$
y	1	1, 2	1, 3	1, 2, 4	1, 5	$\cdots$

x의 값이 2일 때, y의 값은 1, 2이므로 y의 값이 단 하나로 정해지지 않는다. 따라서 y는 x의 함수가 아니다.

결론적으로 위 3가지 경우에서 가장 의미 있는 대응 관계는 $y=24-x$ 처럼 식으로 나타낼 수 있는 함수이다.

교과 함수의 키워드는 변화와 관계다

함수는 우리 생활 주변에 있는 많은 것들 사이의 관계를 밝혀내기 위해서 태어났다고 볼 수 있다. 예를 들면 다음과 같다.

> • 세월이 흐를수록 키가 커진다.
> (키)$=f$(세월)
>
> • 통화량이 많을수록 휴대전화 요금이 늘어난다.
> (휴대전화 요금)$=f$(통화량)
>
> • 나이가 들어감에 따라 기억력이 떨어진다.
> (기억력)$=f$(나이)

> • 주차 시간에 따라 주차 요금이 정해진다.
>   (주차 요금)＝f(주차 시간)
> • 반지름의 길이에 따라 원의 둘레가 달라진다.
>   (원의 둘레)＝f(반지름)

  이처럼 우리 생활 속 대부분의 것들은 서로 영향을 미치며 변화한다. 이것이 모두 함수이므로 함수의 키워드는 '변화'와 '관계'에서 찾을 수 있다. 예를 들어 " 너 많이 컸구나. 그래 초등생인 네가 벌써 중학생이 되었으니 그럴 만도 하지"라고 말할 때 '컸구나' 속에는 시간의 흐름과 동시에 함께 자란 키의 변화가 담겨 있다.

  이때 시간과 키 둘 사이의 변화 관계, 그 관계를 따져 보는 것이 바로 함수이다. 그리고 이 같은 변화 속에서 둘의 관계를 찾아 그 관계를 식으로 표현하고 그래프로 그리는 일련의 과정이 바로 함수의 몫이다. 따라서 함수는 변화를 이해하는 도구이기도 하다.

  또 변화 속의 관계를 잘 파악하면 미래를 예측할 수도 있다. 미래를 예측하는 것! 이것이 바로 변화 속에서 관계를 찾는 함수의 목표이다.

  다시 말하지만 함수는 변화하는 두 양 사이의 관계에서 태어난다. 때문에 우리는 특정한 두 값에서 하나의 값이 정해지면 그 값에 따라 다른 하나의 값이 정해지는 관계에 있을 때 함수 관계에 있다고 말한다.

융합 함수라고 모두 수학의 대상은 아니다

이 세상에 변하지 않는 것은 없다. 단단한 바위는 절대 변하지 않을 것 같지만 오랜 시간에 걸쳐 풍화작용을 겪는다. 바위가 비바람에 조금씩 깎여 나가듯 우리 주변 대상들도 독립적으로 변하는데 이때 늘 뭔가에 영향을 받아 변화한다. 예를 들면 다음과 같다.

> • 통화하는 시간이 길면 길수록 휴대전화 요금은 증가한다.
> • 휴대전화 요금이 증가할수록 통장 잔고는 가난해진다.
> • 자전거 속도를 높이면 높일수록 도착 시간이 빨라진다.

모두 한쪽의 변화에 다른 쪽이 영향을 받았다. 함수는 이처럼 한쪽의 변화에 따라 다른 쪽이 어떻게 변화하는지를 알아보는 것이다. 만약 어떤 것이 고정적이지 않고 무언가에 따라 변하고 있다면 그 안에는 함수가 있다고 짐작해도 틀리지 않다. 하지만 함수가 일상생활의 모든 변화를 다루는 것은 아니다.

변화에는 규칙적인 변화와 불규칙적인 변화가 있는데, 수학에서 다루는 함수는 규칙적인 변화를 전제한다. 왜냐하면 함수 관계에 있는 둘 사이에서 일정한 규칙을 찾을 수 없다면 그들의 관계를 식으로 나타낼 수 없을 것이고, 그렇게 되면 함수를 통해 변화를 예측하겠다는 본래 함수가 가지는 의미가 사라지기 때문이다. 그러니 변화를 나타내는 함수라고 해서 모두 수학적인 의미의 함수라고 생각해선 안 될 일이다.

함수식으로 나타내는 것이 가능한 규칙적인 변화를 지닌 함수만이 수학적인 의미를 지니고 있고, 또 그러한 함수만이 수학의 대상이 된다.

예를 들어 보자. 다음과 같은 둘 사이의 관계는 함수이지만 수학에서 즐겨 다루는 함수는 아니다.

던진 횟수	100	200	300	400	500	···
6의 눈이 나온 횟수	15	29	40	69	83	···

왜냐하면 수학에서 함수를 다루는 이유는 변화 속의 관계를 잘 파악하여 미래를 예측하고자 하는 것인데, 둘 사이에 불규칙적으로 영향을 미친다면 수식으로 나타낼 수 없을 뿐만 아니라 다음 상황을 예측할 수도 없기 때문이다. 이런 이유로 수학에서 함수를 다룰 때는 규칙적인 변화를 주로 다룬다.

참고로 위의 표와 같이 불규칙적인 변화를 보이지만 수없이 반복하다 보면 어떤 규칙이 보일 것 같은 특별한 것은 나중에 2학년 때 배우는 확률에서 다루게 된다. 확률이란 불규칙적인 변화 속에서 어떤 가능성을 가늠한 것이기 때문이다. 이런 식으로 수학은 점점 몸집을 키워 가는 것이다.

우리는 가끔 자신의 의지가 끼어들 수 없는 운에 자신을 맡기고 싶을 때가 있다. 때때로 사다리 게임을 하듯이 말이다. 사다리 게임은 힘든 일을 분담하거나 간식 값 내기 등을 할 때 즐겨 쓰는 게임이다.

다음 그림은 네 식구가 청소 구역을 정하기 위해 만든 사다리 게임이다.

어느 것을 선택하든 네 식구는 각자 4가지 중 하나의 결과를 만나게 된다. 한 사람이 2가지 일에 선택된다거나 또 아예 선택되지 않는 일은 발생하지 않는다. 이처럼 사다리 게임은 언제나 한 사람에 하나만이 짝지어지므로 함수이다. 하지만 식으로 나타낼 수 없기 때문에 수학에서 즐겨 다루는 함수는 아니다.

누가 처음으로 함수를 발견했을까?

무엇이든 처음부터 완벽한 것은 없다. 컴퓨터도 처음엔 어마어마한 크기의 계산기인 에니악으로부터 출발해서 많은 세월 동안 숱한 사람들의 생각과 발명 그리고 섬세한 손을 거쳐 오늘날 우리의 손바닥에 쥐어진 스마트폰으로 변신했다. 함수도 마찬가지이다. 함수라는 용어를 처음으로 사용하여 그것의 개념을 도입한 사람은 18세기 독일의 수학자 라이프니츠이다. 하지만 이후 함수의 정의는 많은 수학자들의 노력으로 그때그때 시대적인 필요나 새로운 발견을 통해 점점 발전했다.

즉, "변수 x값의 변화에 따라 다른 변수 y가 정해지면 함수이다"였던 라이프니츠의 함수에 대한 정의가 시간이 흐르면서 좀 더 구체화되었다. 라이프니츠 이후 18세기의 수학자 오일러가 $y = 2x + 4$와 같은 함수식과 $f(x)$라는 함수 기호를 만든 것이나 19세기의 수학자 디리클레가 함수를 집합 관계의 대응 관계로 파악한 것과 같이 말이다.

물론 함수라는 용어를 처음으로 사용하고 정의한 라이프니츠의 업적을 잊어선 안 된다. 라이프니츠는 함수를 통해 처음으로 수학에서 움직이는 것, 변화를 다루고자 시도한 인물이기 때문이다. 라이프니츠 이전에는 수학에서 움직이는 것을 다룬 적이 없었다는 사실을 떠올려 본다면 라이프니츠의 생각이 얼마나 놀라운 것이었는지 능히 짐작할 수 있다. 라이프니츠 이후에서야 수학에서 흐르는 액체의 부피나 가격의 순간 변화, 대기압의 변화 등을 다룰 수 있게 되었으니 말이다.

함수는 18세기에 처음으로 생겨난 걸까?

그렇지는 않다. 물론 함수라는 용어를 처음 사용하고 수학적으로 정의를 내렸던 인물은 18세기 라이프니츠이지만 어설프게나마 함수를 만들고 썼던 흔적은 기원전 고대 바빌로니아에서 찾아볼 수 있기 때문이다.

고대 바빌로니아인들은 천체의 운동을 관찰하면서 태양이나 달, 별 등이 어떤 간격을 두고 움직이는지 발견하기 위해 관찰한 수치를 표로 정리해 두기도 하고, 또 곱셈이나 나눗셈, 제곱, 세제곱과 같은 계산을 미리 점토판에 새겨 놓고 그것을 보고 계산했다고 한다.

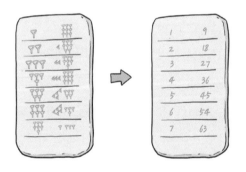

이 점토판을 보면서 "구구단에 불과한 수 계산도 못해서 점토판에 새겨 두다니 참 멍청하기 짝이 없군"과 같은 생각이 든다면 바빌로니아인들이 살았던 시대는 아라비아 숫자가 아직 태어나기 전이라는 것을 상

기할 필요가 있다.

이 점토판에서 확인한 함수를 오늘날 백화점 특별할인 매장에서도 볼 수 있는데 바로 고객의 편의를 위해 붙여 놓은 할인 가격표다.

정가	판매가
15000원	5250원
20000원	7000원
30000원	10500원
...	...

이 할인 가격표는 65% 할인된 물건의 가격을 미리 계산하여 적어 둔 것으로, 이 역시 함수이다. 이때 정가를 x원, 판매가를 y원이라 하면 x, y 사이의 관계식은 $y=x-\dfrac{65}{100}x$, 즉 $y=\dfrac{35}{100}x$이다.

이처럼 하나의 양이 변할 때 다른 양이 변하는 관계가 함수 관계인 것을 알고 있는 우리로서는 분명히 바빌로니아인들도 함수를 만들어 사용했을 것이라고 추측할 수 있다. 물론 그들이 그것의 이름을 함수라고 부르지는 않았고, 또 함수를 따로 정의하지도 않았지만 알다시피 변화는 언제 어디서나 존재하기 때문에 알게 모르게 함수를 쓴 흔적은 찾아볼 수 있다.

웃음의 함수는 인간 수명이다

"웃는 자에게 복이 온다."

"웃음은 유통기한이 없고 부작용도 없는 최고의 명약이다."

"행복하기 때문에 웃는 것이 아니라 웃기 때문에 행복하다."

위의 말은 모두 우리가 흔히 알고 있는 웃음 효과이다. 이외에도 웃음의 긍정적 효과를 일컫는 다양한 표현이 있다. "15초 웃으면 이틀 오래산다"라는 말도 그중의 하나이다.

이 말을 수학적으로 풀어 볼까?

1초 웃으면 $\frac{2}{15}$(일)을 더 오래 살 수 있고, 2초 웃으면 $\frac{2}{15} \times 2 = \frac{4}{15}$(일)을, 또 3초 웃으면 $\frac{2}{15} \times 3 = \frac{6}{15}$, … 15초 웃으면 $\frac{2}{15} \times 15 = 2$(일)을 더 오래 살 수 있다. 이제 웃는 시간과 수명 연장 기간 사이의 관계를 표로 나타내 보자.

웃는 시간(초)	수명 연장 시간(일)
1	$\frac{2}{15}$
2	$\frac{2}{15} \times 2 = \frac{4}{15}$
3	$\frac{2}{15} \times 3 = \frac{6}{15}$
…	…
15	$\frac{2}{15} \times 15 = 2$
…	…
x	$\frac{2}{15} \times x$

위의 표에서 웃는 시간이 1, 2, 3, …이면 수명 연장 시간은 $\dfrac{2}{15}$, $\dfrac{4}{15}$, $\dfrac{6}{15}$, …과 같이 오직 하나로 정해진다. 따라서 웃음과 인간 수명은 함수 관계이다.

이때 웃는 시간을 x(초), 그에 따른 수명 연장 시간을 y(일)이라고 하고 x와 y 사이의 관계를 식으로 나타내면 $y=\dfrac{2}{15}x$이다.

따라서 수명 연장 시간은 웃음의 함수이다. 일반적으로 y가 x의 함수인 것을 기호로 $y=f(x)$와 같이 나타내므로 $y=\dfrac{2}{15}x$를 $f(x)=\dfrac{2}{15}x$와 같이 나타내기도 한다.

이때 x의 값에 따라 하나로 정해지는 y의 값, 즉 $f(x)$를 x에서의 함숫값이라고 하는데 예를 들면 다음과 같다.

$f(x)=\dfrac{2}{15}x$에서

$x=1$에서의 함숫값은 $f(1)=\dfrac{2}{15}\times 1=\dfrac{2}{15}$

$x=15$에서의 함숫값은 $f(15)=\dfrac{2}{15}\times 15=2$

$x=\bigstar$에서의 함숫값은 $f(\bigstar)=\dfrac{2}{15}\times\bigstar$

$x=$꼼지에서의 함숫값은 $f(\text{꼼지})=\dfrac{2}{15}\times\text{꼼지}$이다.

 **함수와 어린 왕자**

앞서 함수의 키워드는 변화와 관계라고 했다. 변화와 관계 중에서 관계에 돋보기를 들이대면 생텍쥐페리의 『어린 왕자』를 떠올릴 수 있을 것이다. 어린 왕자와 여우, 어린 왕자와 장미의 관계 말이다.

여우는 어린 왕자에게 말했다.

"넌 아직 나에겐 수많은 다른 소년과 다를 바 없는 한 소년에 지나지 않아. 그래서 난 네가 없어도 조금도 불편하지 않아. 너 역시 마찬가지일 거야. 난 너에게 수많은 다른 여우와 똑같은 한 마리 여우에 지나지 않아. 하지만 네가 날 길들인다면 나는 너에게 오직 하나밖에 없는 존재가 되는 거야……."

여기서 '길들인다면'이라는 말과 '오직 하나밖에 없는'이라는 말에 밑줄

을 긋고 함수의 정의를 떠올려 보자.

두 변수 x와 y 사이에 x의 값이 하나 정해지면 그에 따라 y의 값이 오직 하나 정해지는 대응 관계가 있을 때, y를 x의 함수라 하고, 기호로는 $y=f(x)$와 같이 나타낸다는 함수의 정의 말이다.

이 둘을 함께 생각해 보면 여우와 어린 왕자는 서로 함수 관계에 있다. '길들인다면'을 함수 f로 보면 여우의 함숫값은 어린 왕자가 되기 때문이다. 즉 f(여우)＝어린 왕자가 된다. 이 같은 함수 관계에 의해 어린 왕자의 여우는 수많은 여우 중에 오직 하나뿐인 여우가 된다.

어린 왕자가 길들인 대상은 여우뿐만이 아니다. 장미도 있다. 장미에게 물을 주고 바람막이도 만들어 주고 장미가 늘어 놓는 불평까지도 참아 가며 어린 왕자는 장미를 길들인다. 그로써 f(장미)＝어린 왕자가 된다.

오, 길들여서 함수 관계를 맺고 나면 나는 너에게 혹은 너는 나에게 오직 하나뿐인 존재가 된다니! 함수를 배우며 우리 주변의 관계도 되돌아볼 일이다.

교과 정비례든 반비례든 모두 함수이다

초등학교 때 배웠던 정비례와 반비례는 모두 함수이다.

1분에 3개의 수학 문제를 풀던 어떤 아이가 x분 동안 y문제를 풀었다면 x와 y 사이의 관계는 다음 표와 같다.

시간 x(분)	1	2	3	4	5	...	x
문제 y(문제)	3	6	9	12	15	...	
규칙을 찾자	3×1	3×2	3×3	3×4	3×5		$y = 3 \times x$

따라서 x, y 사이에는 $y = 3x$의 관계가 성립한다. 표에서 x의 값이 1, 2, 3, ...으로 변할 때, y의 값은 3, 6, 9, ...로 변한다. 이때 문제를 푼 시간이 2배, 3배, 4배로 변함에 따라 푼 문제 수도 2배, 3배, 4배로 변한다는 것을 알 수 있다.

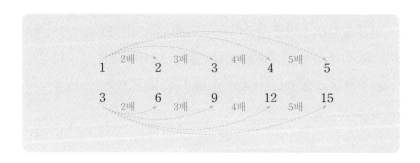

이처럼 두 변수 x, y에서 x가 2배, 3배, 4배, ...로 변함에 따라 y도 2배, 3배, 4배, ...로 변하는 관계가 있으면 y는 x에 '정비례한다'고 한다. 두 변수 x, y 사이에 정비례 관계가 있으면 x의 값에 대응하는 y의 값이 오직 하나 정해지므로 y는 x의 함수이고, $y = ax (a \neq 0)$의 식이 성립한다.

하지만 막대사탕 18개를 가지고 있던 어떤 아이가 친구들에게 남김없이 똑같이 나눠 주려고 한다고 해 보자. 친구가 x명일 때 한 친구가 받은 사탕의 개수가 y개라면 x와 y 사이의 관계는 다음 표와 같다.

친구 수 x(명)	1	2	3	6	9	18	x
한 친구에게 돌아가는 사탕 수 y(개)	18	9	6	3	2	1	y
규칙을 찾자	1×18 $=18$	2×9 $=18$	3×6 $=18$	6×3 $=18$	9×2 $=18$	18×1 $=18$	$x \times y$ $=18$

이때 x, y 사이에는 $xy=18$, 즉 $y=\dfrac{18}{x}$의 관계가 성립한다. 표에서 x의 값이 1, 2, 3, …으로 변할 때, y의 값은 18, 9, 6, …으로 변한다. 이때 친구 수가 2배, 3배, 6배로 변함에 따라 한 학생에게 돌아가는 사탕의 개수도 $\dfrac{1}{2}$배, $\dfrac{1}{3}$배, $\dfrac{1}{6}$배로 변한다는 것을 알 수 있다.

이처럼 두 변수 x, y에서 x가 2배, 3배, 6배, …로 변함에 따라 $\frac{1}{2}$배, $\frac{1}{3}$배, $\frac{1}{6}$배, …로 변하는 관계가 있으면 y는 x에 '반비례한다'고 한다. 두 변수 x, y 사이에 반비례 관계가 있으면 x의 값에 대응하는 y의 값이 오직 하나 정해지므로 y는 x의 함수이고, $xy=a(a\neq0)$, $y=\frac{a}{x}(a\neq0)$ 의 식이 성립한다.

 ## 교과 함수를 받쳐 주는 좌표

함수의 키워드는 변화와 관계라고 반복해서 얘기한 바 있다. 그렇다면 함수의 변화와 관계를 한눈에 보여 주기 위해서는 무엇이 필요할까? 바로 그래프이다.

또 다른 질문, 함수의 얼굴이라고 할 수 있는 그래프를 이루는 것은? 역시 좌표다. 그래프를 이해하기 위해 우선 좌표에 대해 알아보자.

수직선 위의 점은 어떻게 나타낼 것인가?

좌표평면 위의 점은 또 어떻게 나타낼 것인가?

좌표공간 위의 점은 또 어떻게 나타낼 것인가?

이때 수직선과 좌표평면, 좌표공간 위이 점의 위치를 나타내는 수의 짝이 바로 좌표다.

다시 말해서 좌표란 직선·평면·공간에서 점의 위치를 나타내는 수의 짝으로 수직선에서 점의 위치는 A(a), 평면에서 점의 위치는 B(a, b),

공간에서 점의 위치는 $C(a, b, c)$로 나타낸다.

특히 점과 수를 짝지어 하나의 직선에 나타내면 수직선이 되고, 점과 수를 짝지어 하나의 평면에 나타내면 좌표평면이 되며, 점과 수를 짝지어 하나의 공간에 나타내면 좌표공간이 된다.

정리하자면 직선에서의 좌표는 수직선이고, 평면에서의 좌표는 좌표평면이며, 공간에서의 좌표는 좌표공간이라고 할 수 있다.

참고로 좌표공간은 고등학교 과정에서 배우므로 자세한 설명은 생략하겠다.

다음 수직선 위에서 점 A의 위치는 $A(-4)$, 점 O의 위치는 $O(0)$, 점 B의 위치는 $B(3)$과 같이 나타내듯이 수직선 위에서 한 점의 위치는 1개의 좌표로 나타낼 수 있다.

하지만 다음과 같은 2개의 수직선이 수직으로 만나면 좌표평면이 된다. 다음 그림처럼 평면 위에 2개의 수직선을 원점 O에서 수직으로 만나도록 그리는 것이 좌표평면이다. 이때 원점을 나타내는 O는 영어 Origin의 첫 글자이고, 원점 O의 좌표는 $(0, 0)$이다.

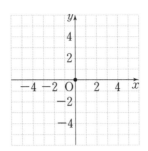

이와 같은 좌표평면에서 한 점의 위치를 나타낼 때는 두 수를 짝지어 순서쌍으로 나타낸다. 따라서 다음 좌표평면에 있는 점 P의 좌표는 $P(3, 2)$이다.

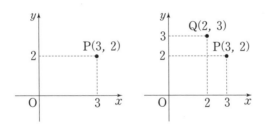

이때 주의할 점은 $P(3, 2)$와 $Q(2, 3)$은 서로 다른 위치에 있다는 것이다. 따라서 순서쌍 $(3, 2)$와 $(2, 3)$은 서로 다르다. 순서쌍이라는 이름은 순서를 중요하게 여긴다는 점을 강조한 이름이다. 때문에 순서쌍 $(3, 2)$와 $(2, 3)$은 서로 같지 않다. 어쨌든 이런 식으로 변수가 1개인 것의 점의 위치는 수직선에 나타내고, 변수가 둘인 것의 점의 위치는 평면에 나타내면 된다.

데카르트의 공상에서 태어난 좌표

이탈리아 천문학자 갈릴레오 갈릴레이, 그리고 영국의 대문호 셰익스피어와 같은 시대에 살았던 17세기 프랑스 사람 데카르트는 "나는 생각한다. 고로 나는 존재한다"는 말을 남긴 유명한 철학자이다. 물론 데카르트는 뛰어난 수학자이기도 하다. 수가 선사하는 논리 정연함과 명백함을 사랑하여 수학에서도 위대한 발견을 많이 한 인물이기 때문이다.

완벽남, 요즘 표현으로 말하면 엄친아로 질투깨나 받았을 데카르트도 평생 늦잠을 자곤 했단다. 그런데 완벽남의 유일한 오점이라고 하기엔 무리가 있다. 침대에서 뭉그적거리며 하릴없이 시간을 보낸 것이 아니라 학문 전반에 질문을 던졌다고 하니 말이다.

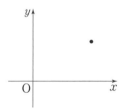

어느 날 아침 데카르트는 다른 날과 같이 침대 위에서 공상에 잠겨 있다가 천장에 붙어 있는 파리를 보곤 "저 파리가 앉아 있는 위치를 쉽게 나타낼 수 있는 방법이 없을까?"에 대해 골똘히 고민하기 시작했다.

"오른쪽 그리고 위쪽, 아니 좀 더 아래쪽, 아니야 그것보다는 조금 더

157

위쪽이지······.”

이런 모호한 설명에 고개를 흔들던 데카르트는 결국 정확하게 파리의 위치를 나타낼 수 있는 방법을 발견한다!

“그래! 가로축과 세로축이 만나는 교점을 O라 해 두면 저기 한 점의 위치는 2개의 숫자로 표시할 수 있겠군.”

이처럼 한 점의 위치를 2개의 숫자로 표시하는 것이 평면에서의 ‘좌표’로 데카르트의 공상 속에서 태어나게 된 것이다.

좀 더 구체적으로 설명하면 데카르트가 생각해 낸 좌표의 원리는 가로축과 세로축이 만나는 교점을 (0, 0)이라 해 두고, 다른 점의 위치를 원점에서 가로축으로 얼마만큼, 세로축으로 얼마만큼 떨어져 있는지를 (가로, 세로)의 순서쌍으로 표현하는 것이다.

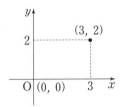

　오늘날 우리는 데카르트가 발견한 좌표 덕분에 변화를 한눈에 볼 수 있는 그래프를 그릴 수 있게 되었다. 즉, 시간에 따라 바뀌는 주식 시세나 날씨 변화를 알리는 그래프 자료를 보고 분석할 수 있는 것도 다 데카르트가 발견한 좌표 덕이다.

용합 좌표가 없었다면

　의학 드라마를 즐겨 본다면 환자의 호흡과 심장 박동 수를 실시간으로 체크하는 그래프를 본 적이 있을 것이다. 만약 의사가 중환자의 심장 상태의 변화를 한눈에 파악할 수 없다면 어떤 일이 벌어질까? 환자의 상태 변화를 한눈에 보여 주는 그래프 없이 숫자만 확인할 수 있다면 말이다.

　실시간으로 숫자가 파악된다고 하더라도 숫자만으로는 환자의 상태 변화 정도를 한눈에 파악하기 힘들다. 때문에 그래프가 필요하다. 그래프를 통해서라면 환자의 상태 변화를 한눈에 파악할 수 있다. 다음 그림처럼 말이다.

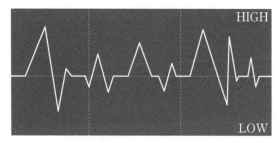

〈심장 박동 수 그래프〉

이 같은 그래프를 그릴 수 있게 된 것은 앞에서도 이야기했듯 좌표를 발견한 데카르트 덕분이다. 순서쌍을 좌표로 하는 수많은 점이 모여 그 래프를 이루기 때문이다.

다음은 1시간에 4km를 걷는 사람이 2시간을 걷고 1시간 쉬었다가 다시 2시간을 걸었을 때, 걷는 시간과 이동 거리 사이의 관계를 그래프로 나타낸 것이다. 걷는 사람이 움직이는 자취가 마치 움직이는 동영상처럼 다가온다. 이것이 바로 그래프의 생명력이다. 이런 이유로 그래프는 변화를 분석하는 함수의 꽃이라고도 불린다.

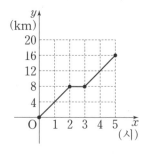

모든 그래프가 다 귀한 대접을 받는 것은 아니다

두 변수 x와 y 사이의 함수 관계를 나타낸 다음 표를 이용하여 그래프로 그려 보자.

x	1	2	3	4
y	3	1	2	5

위의 표로부터 얻어지는 순서쌍 (x, y)는 $(1, 3)$, $(2, 1)$, $(3, 2)$, $(4, 5)$이고, 함수의 그래프는 순서쌍을 좌표로 하는 점을 좌표평면 위에 나타낸 것이므로 다음 그림과 같다.

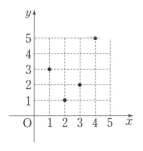

이 그래프를 보면 x와 y 사이에 일정한 규칙 없이 짝을 맺고 있다는 것을 알 수 있다. 아, 불규칙적인 변화! 앞서 함수가 수학적인 의미를 가지

려면 규칙적인 변화를 보여야 한다고 했으므로 위 그래프는 수학적인 의미를 지니지 못한다. 하지만 불규칙적이더라도 하나에 하나씩 짝을 맺고 있으므로 함수의 그래프라는 사실에는 변함이 없다.

그럼 규칙적인 변화를 보이는 그래프도 만들어 보자.

x와 y 사이에 $y=\dfrac{1}{2}x$인 관계가 있다. 이것은 다음 변화표와 같이 x의 값이 -4, -2, 0, 2, 4이면, y의 값은 순서대로 -2, -1, 0, 1, 2이므로 순서쌍 (x, y)로 나타내면 $(-4, -2)$, $(-2, -1)$, $(0, 0)$, $(2, 1)$, $(4, 2)$이다.

x	-4	-2	0	2	4
y	-2	-1	0	1	2

이 같은 순서쌍을 좌표로 하는 점을 좌표평면 위에 모두 나타내면 다음 그래프와 같이 규칙적인 변화를 보인다.

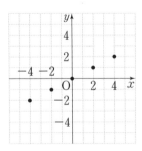

이 그래프를 이용하면 변화표에 없는 x가 1일 때의 y의 값 $\dfrac{1}{2}$도 예측할 수 있다. 이 같은 규칙적인 변화를 나타내는 그래프는 수학에서 귀한 대접을 받는다.

또 간격을 1로 한 x의 값이 -4, -3, -2, -1, 0, 1, 2, 3, 4일 때 함수 $y=\dfrac{1}{2}x$의 그래프를 그려보면 다음과 같다.

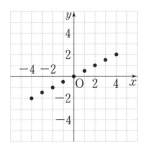

x의 값의 간격을 점점 작게 하여 x의 값의 범위를 수 전체로 확대하면 $y=\dfrac{1}{2}x$의 그래프는 다음 그림과 같이 원점을 지나는 직선이 됨을 알 수 있다.

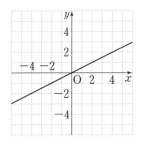

이 직선 그래프를 보면 어떤 변화가 일어나고 있는지 한눈에 알아볼 수 있다. 이것이 바로 규칙적인 변화를 나타내는 그래프가 수학에서 귀한 대접을 받는 이유이다.

 ## 그래프는 직선 그래프만 있는 것이 아니다

어떤 규칙적인 변화를 그래프로 그리면 반드시 직선일까?

그렇지 않다. 두 양 x, y 사이의 관계가 $y=ax(a\neq0)$의 꼴로 서로 비례 관계에 있으면 그래프 모양이 직선이지만 $y=\dfrac{a}{x}(a\neq0)$의 꼴로 반비례 관계에 있으면 직선이 아닌 곡선이다.

그 예로 함수 $y=\dfrac{6}{x}$의 그래프를 그려 보기로 하자.

함수 $y=\dfrac{6}{x}$에 대하여 x의 값에 대응하는 y의 값을 구하여 표를 만들면 다음과 같다.

x	-6	-3	-2	-1	1	2	3	6
y	-1	-2	-3	-6	6	3	2	1

위의 표에서 x, y 값의 순서쌍 $(-6, -1)$, $(-3, -2)$, $(-2, -3)$, $(-1, -6)$, $(1, 6)$, $(2, 3)$, $(3, 2)$, $(6, 1)$을 좌표로 하는 점을 좌표평면 위에 나타내면 다음 그림과 같다.

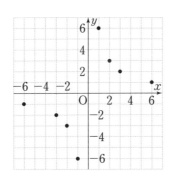

또한 x의 값의 간격을 점점 작게 하여 x의 값의 범위를 0이 아닌 수 전체로 확대하면 $y=\dfrac{6}{x}$의 그래프는 다음 그림과 같이 점점 두 좌표축에 가까워지면서 한없이 뻗어나가는 한 쌍의 매끄러운 곡선이 됨을 알 수 있다. 이 같은 매끄러운 곡선이 쌍으로 2개 있다 하여 '쌍곡선'이라고 부른다. 참고로 $y=\dfrac{6}{x}$에서 $x=0$인 경우는 생각하지 않는다. 그 이유는 앞에서 얘기했듯이 0은 특별해서 모든 수는 0으로 나눌 수 없다는 데 있다.

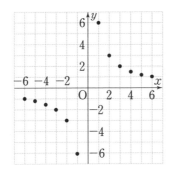 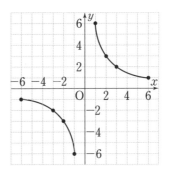

함수를 나타내는 표현도 각양각색

　앞으로 함수 하면 망설임 없이 변화를 떠올릴 수 있어야 한다. 이번에는 변화하는 두 양 사이의 관계 속에서 함수를 찾아 다양한 방법으로 함수를 표현해 보기로 하자.

　우리 몸 안에 있는 열량은 공부하거나 걷거나 심지어는 잠잘 때도 소모된다고 한다. 사람이 천천히 걸을 때는 1분에 2kcal의 열량이 소모되고, 공부할 때는 일반적으로 1분에 1kcal의 열량이 소모되는 식으로 말이다. 이때 천천히 걷는 시간과 소모되는 열량 사이의 관계, 또 공부하는 시간과 소모되는 열량 사이의 관계는 모두 함수이다.

　이 중 천천히 걷는 시간과 소모되는 열량 사이의 관계를 나타내는 함수를 생각해 보기로 하자.

천천히 걷는 시간이 1분이면 소모되는 열량은 2kcal

천천히 걷는 시간이 2분이면 소모되는 열량은 4kcal

천천히 걷는 시간이 3분이면 소모되는 열량은 6kcal

……

천천히 걷는 시간이 x분일 때 소모되는 열량이 $y$kcal라고 할 때 y는 x의 함수이다. 이 함수 관계를 나타내는 표현으로는 어떤 것들이 있을까?

첫째, 함수관계를 표로 나타낼 수 있다.

위에서 구한 걷는 시간과 소모되는 열량 사이의 관계를 표로 정리하면 다음과 같다.

x(분)	1	2	3	4	5	⋯
y(kcal)	2	4	6	8	10	⋯

둘째, 함수 관계를 순서쌍으로 표현할 수 있다.

순서쌍을 이용할 때는 다음과 같이 독립적으로 먼저 변하는 것 x를 앞에 쓰고, 그것에 따라 종속적으로 변하는 것 y를 뒤에 쓴다. 따라서 둘의 함수 관계를 순서쌍으로 표현하면 다음과 같다.

$$(1, 2), (2, 4), (3, 6), (4, 8), (5, 10), \cdots$$

셋째, 함수관계를 그림으로 표현할 수 있다.

걷는 시간을 통틀어 X, 소모되는 열량을 통틀어 Y라고 해 두면 둘의 함수 관계를 다음과 같이 그림으로 나타낼 수 있다.

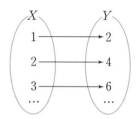

넷째, 함수 관계를 식으로 나타낼 수 있다.

식을 써서 나타내는 것이 가장 간단한 함수 표현이다. 천천히 걷는 시간 x분과 그때 소모되는 열량 $y$kcal 사이의 관계를 식으로 간단히 나타내면 $y=2x$이다.

다섯째, 함수 관계를 그래프로 표현할 수 있다.

둘의 관계를 그래프로 나타내면 시각적인 효과뿐만 아니라 미래를 예측할 수 있다는 장점 때문에 가장 많이 쓰인다.

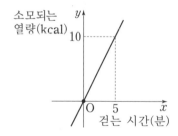

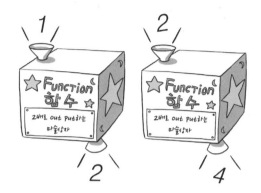

여섯째, 함수 관계를 입력과 출력이 있는 함수 상자로 표현할 수 있다.

걷는 시간이 1, 2, 3, 4, …로 변함에 따라 소모되는 열량도 2, 4, 6, 8, …로 하나씩 짝이 정해진다. 따라서 1을 입력하면 2를 출력하고, 2를 입력하면 4를 출력하는 식으로 걷는 시간을 입력하면 거기에 딱 맞는 소모되는 열량이 계산되어 튕겨져 나오는 자동판매기 같은 원리이다. 따라서 짝을 찾아주는 기계라고 생각해도 무방하다. 대신 이 방법은 걷는 시간과 소모되는 열량 사이의 짝 찾기에는 유용하지만 전체적인 흐름을 파악하는 데는 별 쓸모가 없다.

이처럼 함수는 표, 순서쌍, 그림, 식, 그래프, 함수 상자 등 다양한 방법으로 나타낼 수 있다.

이제 우리 친구들에게 주어진 과제는 무엇일까?

상황에 따라 적절한 방법으로 함수를 표현할 줄 아는 것이다.

방정식과 함수는 서로 어떤 관계가 있을까? 우선 앞에서 공부한 것을 바탕으로 그것들의 정의부터 확인해 보자.

방정식은 미지수 x를 포함하면서 그 값에 따라 참이 되기도 하고 거짓이 되기도 하는 등식을 말한다. 함수는 두 변수 x와 y 사이에 x의 값이 하나 정해지면 그에 따라 y의 값이 딱 하나로 정해지는 대응 관계가 있을 때, y를 x의 함수라고 하며 기호로 $y=f(x)$와 같이 나타낸다. 또 방정식은 미지수를 포함한 등식 문제의 해를 찾는 것이고, 함수는 변수 x와 y 사이의 관계에서 변화를 찾는 것이다.

하지만 이처럼 둘의 정의를 확실하게 알고 있다 하더라도 둘의 관계가 쉽게 손에 잡히지 않을 것이다. 이럴 때 "$2x=0$은 방정식이고, $2x=y$는 함수이다"라고 해두면 어떨까? 비슷한 겉모습 때문에 둘의 차이를 발견하지 못할 수도 있다. 그럴 때는 $2x$가 하나는 수로 표현되었고 하나는 변수 y로 표현되었다는 사실에 주목해 보길 바란다. 다시 말해 $2x$가 $2x=0$처럼 수로 표현된 것은 방정식이고, $2x=y$처럼 y로 표현된 것은 함수라는 말이다.

이때 수로 표현된 방정식 $2x=0$의 해는 $x=0$으로 딱 하나 존재한다. 하지만 변수로 표현된 함수 $y=2x$는 $x=1$이면 $y=2$, $x=2$이면 $y=4$, $x=-1$이면 $y=-2$, $\cdots\cdots$, 즉 순서쌍 $(x,\ y)=(1,\ 2),\ (2,\ 4),\ \cdots,$ $(-1,\ -2),\ \cdots$처럼 무수히 많은 대응 관계가 성립한다. 때문에 그 무수

히 많은 순서쌍을 수로 표현할 수도 있지만 일반적으로 다음과 같은 그래프를 이용하게 된다.

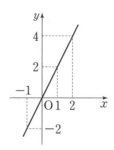

원점을 지나는 이 직선은 일차함수 $y=2x$를 만족하는 (x, y)를 좌표평면 위에 나타낸 것으로 수많은 점의 모임이다. 그 수많은 점 중에는 $y=1$일 때의 점의 좌표도 있고, $y=2$일 때의 점의 좌표도 있다. 때문에 $y=2x$에 y 대신 1, 2, 3, …을 넣어 보면, $1=2x$, $2=2x$, …, $3=2x$, … 들이 된다. 그리고 이 $1=2x$, $2=2x$, $3=2x$, …들은 모두 방정식이다. 이렇게 우리는 함수 $y=2x$ 속에 무수한 방정식이 존재한다는 것을 알 수 있다.

이것은 마치 애니메이션 1초의 영상 속에 24장의 그림이 담겨 있는 것과 같다. 일차함수의 직선 속에는 애니메이션 속의 만화 그림처럼 수많은 일차방정식이 존재하기 때문이다. 이 비유에 따른다면 애니메이션의 움직임은 함수가 되고 만화 그림은 방정식이 되겠다. 이처럼 함수 속에는 여러 개의 방정식이 존재할 수 있다.

또 반대로 방정식이면서 함수가 되는 특별한 경우도 있다. 방정식이 함수가 되는 것은 $x+y=5$처럼 미지수가 두 개인 특별한 경우에서다. 이때 $x+y=5$, 즉 $y=-x+5$는 방정식이자 함수이다. 이것에 대한 자세한 설명은 중학교 2학년 과정에서 다룰 것이다.

다섯째
마당

통계

$$(평균)=\frac{\{(계급값)\_(도수)\}}{(도수의 총합)}$$

직사각형의 넓이의 합

$$\frac{340}{10}=34$$

다섯째 마당

통계

용합 통계의 첫 단추는 인구센서스

'센서스' 혹은 '인구센서스'라는 말을 들어 본 적이 있는가?

마냥 낯설게만 느껴진다면 이 기회에 상식으로 알아 두자. 인구센서스
는 5년마다 실시하는 전 국민 대상의 인구 총조사를 일컫는다. 이 센서스
라는 말은 고대 로마에서 그 어원을 찾을 수 있다. 로마에선 일반적인 조
사를 담당하는 관리명이 '센소'였다는데 이 센소들이 인구조사까지 담당
하면서부터 총조사가 센서스라고 불리게 됐다는 것이다.

이 같은 인구센서스는 그 역사가 매우 오래 되었다. 기원전에 이집트
와 중국에서도 실시된 바 있고, 우리나라에서는 통일신라시대에 인구조
사를 한 기록이 민정문서에 남아 있어 그 오랜 역사를 짐작케 한다.

어째서 인류는 인구조사를 실시하는 것일까?

과거의 인구조사는 세금을 거두거나 전쟁에 징집 가능한 장정들을 추려내기 위해서 행해졌을 것이다. 그렇다면 현대의 인구조사는? 오늘날에는 인구수에 대한 가늠과 연령대별 인구구조를 정확히 파악하기 위해 인구조사를 실시한다. 인구조사 결과를 이용하면 노동력의 수요와 공급에 대한 파악, 저출산과 노령화 사회에 대한 대책 등 국가의 미래 계획을 합당한 근거를 가지고 세울 수 있다. 물론 인구조사 결과는 국가적 차원 말고도 연령대별 마케팅 자료 등으로 폭넓게 이용되기도 한다.

이 같은 일련의 과정, 인구센서스를 무엇으로 분류할 수 있을까?

바로 통계이다. 이렇게 고대 로마의 인구센서스에서 출발한 통계는 현대에 이르러 인구조사뿐만 아니라 물가 동향, 기후 변화, 선거 등에 폭넓게 이용되며 국가기관과 경제산업 분야에 없어서는 안 될 중요 수단으로 자리매김하고 있다.

융합 통계가 없다면?

혹시 통계가 없는 세상을 상상해 본 적이 있는가? 통계가 없다면 이 세상은 어떤 모습일까? 우선 학교에서 학급 평균과 같은 통계가 없다면 어떤 학급이 가장 학업성취도가 높은지 알 수 없을 것이다. 또 야구에서 투수의 방어율도 통계를 통해서 나오는 것인데, 통계가 없다면 어떤 선수가 훌륭한 선수인지 알 방법이 없다.

이 외에도 가수의 음반 판매량이나 음원 다운로드 횟수도 모두 통계로 얻어낸 것이므로 통계가 없다면 어떤 노래나 어떤 가수가 인기 있는지 순위를 매기는 일도 불가능할 것이다. 농장에서 기르는 닭이나 소, 돼지와 같은 가축의 수도 통계를 통해 나오는 것인데 이런 통계가 없다면 고

금주의 뮤직오피스 1위는 출연한 모든 가수입니다!

기 값 파동이 일어나는 것은 물론이고, 여러 음식 값은 들쑥날쑥할 것이다. 옷이나 신발을 만드는 공장에서도 사이즈별 통계가 없다면 어떤 사이즈는 재고가 넘쳐나고 어떤 사이즈는 품귀현상이 빚어질 것이니 통계가 없는 세상은 그야말로 뒤죽박죽이 될 것이다.

이런 이유로 나라에서는 5년에 한 번씩 국민의 키와 몸무게에 관한 통계를 내서 책상이나 의자 같은 물건들을 만들고, 사이즈에 따른 사람 수를 고려하여 옷과 신발을 만든다. 또 전국에서 기르는 가축의 수를 조사해서 소비와 생산을 맞추고, 음반 판매량이나 유튜브 클릭 수를 조사하여 인기도를 알아보는 것이다. 결국 이 세상은 통계 천지이다.

통계로 시대를 읽는다

세상은 늘 변한다. 규칙적인 변화도 있지만 대부분의 것들은 불규칙적으로 변한다. 두 양 사이의 관계에서 규칙적인 변화에 대한 연구가 함수라면, 불규칙적인 변화 속에서 변화의 흐름을 파악하는 것은 통계이다.

때문에 통계로 얻어 낸 정보는 일정한 규칙을 갖고 있는 함수보다는 덜 명확하다. 그럼에도 불규칙적인 변화의 흐름을 분석한 통계는 무엇이 어떻게 달라졌는지 그리고 앞으로 어떻게 달라질지 예측할 수 있기 때문에 미래를 설계하는 데 없어서는 안 될 중요한 정보가 되고 있다.

통계로 얻어 낸 다음 그림을 보고 무엇이 어떻게 달라졌는지 알아보자.

● 최근 들어 대부분 암으로 사망하고 자살률 늘어

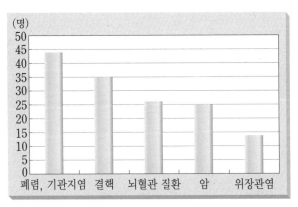

1966년 사망 원인(자료:통계청) - 인구 10만 명 기준

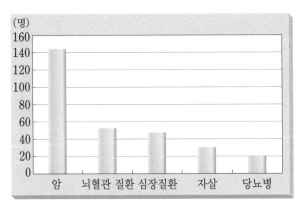

2010년 사망 원인(자료:통계청) - 인구 10만 명 기준

　　1966년에는 사망률 1위가 폐렴이나 기관지염이었던 것이 요즘에는 암 사망률이 높아졌고, 또 1966년에는 사망 원인에도 끼지 못했던 자살이 지금은 사망 원인 4위에 올라섰다.

● 더 오래 살고, 아이는 적게 낳고

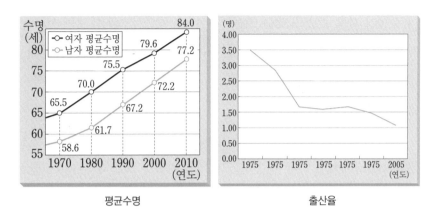

평균수명

출산율

　1970년에 비해 평균수명이 남녀 모두 18년 늘어남에 따라 노후복지 제도가 재정비되어야 하고, 또 출산율이 급격하게 떨어짐에 따라 저출산 대책도 시급하다는 것을 알 수 있다.

　이처럼 막대그래프와 꺾은선 그래프만으로 세상을 읽을 수 있게 하는 것이 바로 통계이다.

 함수와 통계! 그들에게도 공통분모가 있을까?

　소설과 그림! 무엇이 같을까? 둘의 공통분모에는 상상력이 있다. 예술 이라는 큰 틀 안에서 상상력을 바탕으로 쓰고 그리기 때문이다.

　함수와 통계의 공통분모는 무엇일까? 함수와 통계는 모두 변화와 변화 속의 관계를 연구한다는 점에서 공통점을 가진다. 이때 '관계'는 둘 이상의 것들이 서로 관련을 맺는 것을 의미한다. 즉, 함수와 통계는 서로 관계를 맺고 있는 것들이 어떻게 변화하는지 연구해 보는 수학 분야이다.

그렇다면 변화를 연구한다는 공통점을 지닌 함수와 통계의 결정적 차이점은 무엇일까?

함수에 대해 살펴볼 때도 몇 번 반복한 바 있지만 변화에는 규칙적인 변화와 불규칙적인 변화가 있고, 수학적인 의미가 있는 함수는 규칙적인 변화를 살핀다. 이제 함수와 통계의 차이점이 무엇일지 예상이 된다. 함수가 규칙적인 변화를 통해 변화의 흐름을 따져 본다면 통계는 불규칙적인 변화 속에서 그 흐름을 분석한다.

매일 책을 빌려 보는 생강과 고래의 이야기를 예로 들어 보자.

생강이 주로 빌려 본 책은 판타지 소설과 추리소설인데 책의 권수를 세어 보면 언제나 판타지 소설은 추리소설의 2배였다.

하지만 고래는 다르다. 판타지 소설과 추리소설을 빌려 보는 것은 생강과 같지만 기분에 따라 대출하는 책의 종류가 달랐다. 기분이 꿀꿀한 날은 주로 판타지 소설을 읽고, 맑고 기분 좋은 날은 추리소설을 읽었다.

생강과 고래가 대출한 판타지 소설과 추리소설의 관계를 따져 보면 함수와 통계를 구분 지을 수 있다.

생강이 매일 대출한 책은 (판타지 소설 책 수)＝2×(추리소설 책 수)처럼 규칙적이다. 따라서 어느 날 생강이 판타지 소설 2권을 빌렸다면 따로 언급하지 않더라도 추리소설 1권을 빌렸다는 것을 알 수 있다. 이것이 바로 함수이다.

하지만 고래가 대출한 책은 기분에 따라 다르므로 일정 기간 빌린 책을 조사하여 그 흐름을 분석한 뒤 판타지 소설과 추리소설을 어느 정도의 비율로 빌려 봤는지 따져 봐야 비로소 짐작할 수 있다.

이처럼 함수는 정확한 값을 얻어 낼 수 있지만 통계에서 얻어 낸 값은 주로 짐작에 불과하다. 이 때문에 통계 수치에는 '신뢰수준'이나 '표본오차'와 같은 단어들이 따라다니는 것이다.

다시 반복하지만 함수와 통계의 공통분모는 변화 속의 관계를 연구하는 데 있다. 때문에 함수와 통계 모두 변화를 한눈에 파악할 수 있는 그래프를 꽁무니에 달고 다닐 수밖에 없다. 함수와 그래프, 통계와 그래프처럼 말이다.

그렇다면 이제 "그래프!" 하면 변화, 그리고 함수와 통계를 동시에 떠올릴수도 있겠다.

융합 나이팅게일은 통계학자?

백의의 천사 나이팅게일을 모르는 사람은 아마 없을 것이다. 하지만 그녀가 백의의 천사일 뿐만 아니라 "나라를 운영할 사람들은 통계 활용법을 배워야 한다"고 주장한 통계학자였다는 사실을 아는 이는 많지 않다.

나이팅게일은 크림전쟁나폴레옹전쟁 이후 러시아와 영국, 프랑스를 포함한 몇몇 연합군이 크림 반도와 흑해를 둘러싸고 벌인 전쟁 때 영국의 간호사로 부상병을 밤새 보살피는 일을 했다. 부상병을 간호하는 고된 업무 중에 그녀는 야전병원의 청결하지 못한 위생 상태가 큰 문제임을 알게 됐다고 한다. 때문에 이후 그녀는 세균이 여러 질병의 원인임을 밝혀내기 위해 수치를 사용해 야전병원의 상태를 정확히 파악하고자 노력했다.

가령 "오늘은 어제보다 오수가 깨끗하게 처리되었군요"가 아니라 "어제는 오수가 34% 처리되었는데 오늘은 37%가 처리되었군요"라고 표현하는 식으로 말이다.

그리고 그녀는 수치화된 자료를 가지고 오수 처리와 사망률, 더 나아가 세균과 질병 사이의 상관관계를 밝혀낸 후 그림으로 구체화했다. 통계 정보를 한눈에 파악할 수 있도록 시각화를 시도한 것이다.

이후 이 자료들은 병원 관계자들에게 제시됐고 자료를 본 이들은 모두 병원의 위생 상태를 좀 더 낫게 바꿀 필요가 있다는 데 동의했다. 그리고 당연하게도 위생 상태가 크게 나아진 야전병원 환자들의 사망률은 크게 떨어졌다.

때문에 우리는 나이팅게일을 백의의 천사일 뿐만 아니라 자신의 업무에 통계를 효과적으로 활용하여 통계 발전에 많은 기여를 한 뛰어난 통계학자라고도 보는 것이다.

교과 어떤 방법으로 정리할까?

요즘에는 반려 동물을 키우는 사람들이 참 많다. 종이 각각인 반려 동물들의 평균수명은 얼마나 될까? 표로 정리하면 다음과 같다.

동물	평균수명(년)	동물	평균수명(년)
개	15	햄스터	2
고양이	14	토끼	7
금붕어	8	다람쥐	10
이구아나	20	앵무새	22
돼지	12	원숭이	30

그럼 이 자료를 한번 정리해 볼까? 옷장이나 서랍을 정리하듯 자료를 정리해 보는 것이다. 정리하는 방법은 참 다양하다. 책상을 정리할 때도 빈 상자를 사용해 정리할 수 있고, 아예 칸막이를 만들어 물건을 정리할 수도 있다.

통계 자료를 정리할 때도 마찬가지다. 통계 자료도 줄기와 잎을 사용해 꼼꼼하게 정리할 수 있는가 하면, 도수분포표를 만들어 간단히 정리할 수도 있기 때문이다.

우선 줄기와 잎 그림으로 애완동물의 평균수명을 정리해 보자.

〈동물 평균수명〉

(단, 0 | 2는 2년)

줄기	잎			
0	2	7	8	
1	0	2	4	5
2	0	2		
3	0			

위의 그림처럼 줄기와 잎 그림은 큰 수의 자릿값은 줄기에, 작은 수의 자릿값은 잎에 써서 나타낸 그림이다. 줄기와 잎 그림으로 정리해 두면 동물의 수명을 구체적으로 알 수 있고, 어떻게 분포되어 있는지 짐작할 수 있지만 자료의 수가 많을 때는 다소 불편한 점도 있다.

그럼 도수분포표로 동물의 평균수명을 정리하면 어떨까?

〈동물 평균수명〉

수명(년)	동물 수
0이상~10미만	3
10~20	4
20~30	3

위의 표처럼 도수분포표는 전체 자료를 몇 개의 계급으로 나누고 각

계급의 도수를 구하여 나타낸 것으로 자료의 분포를 쉽게 알아볼 수 있고, 자료의 수가 많을 때 유리하다. 하지만 동물의 수명을 구체적으로 알 수는 없다.

이처럼 자료를 정리하는 방법에는 각각 서로 다른 장단점이 있다. 때문에 자료를 정리할 때는 "이런 방법으로 정리하면 좋을 것 같다"와 같은 말은 할 수 있지만 "이런 방법으로 정리해야 해"와 같이 특정 원칙을 강요할 수는 없다. 그러니 자료 정리 이전에 어떤 방법으로 정리하는 게 이득일지 꼼꼼히 따져 보아야 한다.

 도수분포표란?

다음 표는 10가지의 과일 및 채소의 당도를 조사하여 기록한 것이다.

이름	당도(Brix)	이름	당도(Brix)
딸기	10.0	포도	19.8
귤	10.9	감	15.1
토마토	5.1	자두	13.0
사과	12.6	대추	29.1
바나나	23.5	참외	11.7

위의 표에서 "당도가 가장 높은 것은 무엇인가?"라고 질문했을 때 그 답은 대추이다. 그렇다면 당도가 10Brix 이상 15Brix 미만인 과일은 몇 가지인가? 이 질문에 바로 답할 수 있는 사람은 없을 것이다. 그 이유는 간단하다.

위의 표는 각각의 당도를 좀 더 편리하게 알아보기 위해 만든 것이지 당도가 10Brix 이상 15Brix 미만인 것은 몇 가지인지 또는 딸기의 당도가 다른 과일에 비해 당도가 높은 편인지 낮은 편인지 알아보기 위해 만든 것이 아니기 때문이다. 따라서 자료를 목적이나 용도에 맞게 다음과 같이 정리할 필요가 있다.

과일의 당도를 일정한 간격으로 구분한 뒤 각 구간에 해당하는 가짓수를 조사하여 정리한 것이다.

당도(Brix)	가짓수(가지)
5이상~10미만	1
10~15	5
15~20	2
20~25	1
25~30	1
합계	10

어떤가? 위의 표를 보면 당도가 10Brix 이상 15Brix 미만인 것은 몇 가지인지 금방 알 수 있다. 당도가 10Brix 이상 15Brix 미만인 것은 10가지 중 5가지이다.

위와 같이 전체 자료를 몇 개의 계급으로 나누고 각 계급의 도수를 구하여 나타낸 표를 '도수분포표'라고 한다.

아래 표는 계급의 크기를 10Brix로 하여 도수분포표를 만든 것이다.

당도(Brix)	가짓수(가지)
5이상 ~ 15미만	6
15 ~ 25	3
25 ~ 35	1
합계	10

이처럼 계급의 크기를 얼마로 잡느냐에 따라 도수분포표는 달라질 수 있다. 위의 도수분포표는 계급의 개수가 너무 적어 자료의 분포 상태를 알아보기 어렵다. 또한 계급의 개수가 너무 많아도 자료의 분포 상태를 알아보기 힘들다. 따라서 계급의 개수가 5~15 정도가 되도록 계급의 크기를 정하는 것이 일반적이다.

시각적인 효과는 역시 그래프가 최고야

도수분포표를 이용해도 자료의 분포 상태를 한눈에 알아볼 수 있지만 시각적인 효과는 역시 그래프가 최고다.

다음 그래프는 당도를 계급으로 하고 과일 가짓수를 도수로 하는 도수분포표를 이용하여 각 계급을 가로로, 그 계급의 도수를 세로로 하는 직사각형을 만든 그림이다. 이와 같은 그래프를 도수분포표에 대한 히스토그램이라고 한다.

히스토그램을 통해서 우리는 각 계급에 속한 자료들의 많고 적음을 한눈에 알아볼 수 있다.

〈도수분포표〉

당도(Brix)	가짓수(가지)
5^{이상}~10^{미만}	1
10~15	5
15~20	2
20~25	1
25~30	1
합계	10

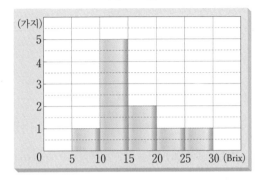

〈히스토그램〉

　　히스토그램은 각 계급에 속하는 자료의 수가 많고 적음을 한눈에 알아볼 수 있게 한다. 또 히스토그램의 각 직사각형에서 가로의 길이인 계급의 크기는 일정하므로 직사각형의 넓이는 각 계급의 도수에 비례한다는 것도 알 수 있다.

　　한편, 이 히스토그램에서 각 계급의 직사각형의 윗변 가운데 점을 차례대로 선분으로 연결하면 다음과 같은 그래프가 되는데 이것의 이름은 도수분포다각형이다. 이때 양 끝점은 도수가 0인 계급이 있는 것으로 생각하여 그 중점을 이은 것이다.

　　도수분포다각형 역시 각 계급의 계급값에 도수를 대응시켜서 만든 그래프이므로 히스토그램과 마찬가지로 자료의 분포 상태를 한눈에 관찰할 수 있고, 또 도수의 분포를 연속적으로 관찰할 수 있어서 2개 이상 자료의 분포 상태를 비교할 때는 히스토그램보다는 도수분포다각형이 편리하다.

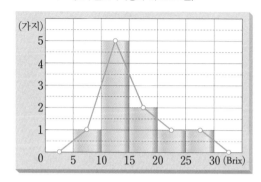

〈도수분포다각형과 히스토그램〉

이때 히스토그램의 직사각형의 넓이의 합과 도수분포다각형과 가로축으로 둘러싸인 부분의 넓이는 서로 같으며 그 넓이는 계급의 크기와 도수의 총합의 곱으로 구할 수 있다.

 막대그래프와 히스토그램의 차이

초등학교 때 배운 막대그래프와 중학교에서 배운 히스토그램은 어떻게 다를까? 둘의 모양새는 네모반듯한 모양을 하고 있어서 상당히 닮아 있다. 하지만 네모반듯한 것의 이름을 하나는 막대라 부르고, 또 하나는 직사각형이라 부른다. 이때 네모반듯한 것의 이름이 막대인 경우 막대그래프라고 부르고, 직사각형인 경우 히스토그램이라 부른다는 점을 기억해 두자.

다른 점은 이뿐만이 아니다. 막대그래프는 막대의 폭을 그리기 쉽게 적당히 정하지만, 히스토그램은 크기가 일정한 계급의 크기를 가로로 하여 똑같은 폭의 직사각형을 만든다. 따라서 막대그래프의 막대는 모양이 좀 어긋나도 그리 문제될 것이 없지만 히스토그램에서 직사각형은 모양이 어긋나서는 안 된다.

또 다음 그림과 같이 막대그래프는 막대가 서로 떨어져 있고, 히스토그램은 직사각형끼리 딱 달라붙어 있다. 예를 들어 줄넘기, 수영, 걷기 등과 같이 서로 연속적이지 않을 때에는 막대그래프를 사용하고, 몸무게, 키, 성적, 걷는 시간 등과 같이 변량들이 수량이어서 규칙적이고 연속적인 자료를 나타낼 때에는 계급의 크기가 일정한 히스토그램을 사용한다.

한마디로 말해 막대그래프는 자료의 값이 띄엄띄엄할 때 쓰고, 히스토그램은 연속적으로 이어진 자료에 많이 사용한다.

〈한 달 동안 한 운동 : 막대그래프〉

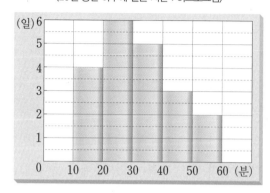

〈20일 동안 하루에 걸은 시간 : 히스토그램〉

 융합 **혈액형과 직업은 서로 상관 있을까?**

"A형은 소심하고 섬세하며, B형은 제멋대로이고 이기적이다. O형은 단순하고 대인관계가 원만하며, AB형은 천재 아니면 바보이다"라는 말이 한때 정설처럼 떠돈 적이 있다. 정말로 혈액형에 따라 성격이 다를까? 이와 같은 궁금증이 생길 때 하는 일이 바로 통계를 내기 위한 설문 조사이다.

실제로 어느 방송국 PD가 방송국 기자 104명을 대상으로 혈액형을 조사한 적이 있다. 그 PD는 호기심이 많고 창조적이며 제멋대로시만 언변이 좋아 사람을 잘 사귄다고 알려진 혈액형 B형을 가진 사람들이 정말 기자가 되기에 유리한지 궁금증이 생겨 설문 조사를 실시했다고 한다. 결과는 어땠을까?

　기자 104명의 혈액형은 A형이 39명, B형 36명, O형 18명, AB형 11명으로 나타났는데 이것은 우리나라 사람들의 혈액형 평균비율 A형 34%, B형 27%, O형 28%, AB형 11%^{헌혈자 256만 명 조사, 2009년 대한적십자사}를 기준으로 해서 생각해 보면, 확실히 기자들의 혈액형은 B형이 많고 O형이 적은 편이다^{그래프 참조}.

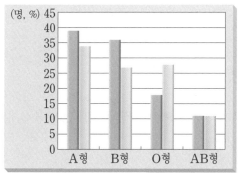

따라서 기자가 되는 데는 B형이 유리하고 O형이 불리하다. 하지만 이 결과를 너무 믿어서는 안 된다. 왜냐하면 표본 조사 대상 104명의 기자가 대한민국 방송 기자를 대표할 만한 사람인지 알 수 없고, 또 성격과 적성이란 것이 단순히 혈액형만으로 판단할 수 있는 것이 아니라 자라 온 환경이나 자기가 좋아하는 취향 등에 더 큰 영향을 받을 수 있기 때문이다.

참고로 통계 조사를 할 때는 인구센서스처럼 조사 대상 전부를 하나하나 다 조사하는 경우도 있지만 대부분은 일부만을 뽑아서 조사한다. 이때 뽑는 대상을 '표본'이라고 하는데 표본은 적절해야 한다.

된장국을 예로 들어 생각해 보자. 된장국의 간을 보기 위해 한 숟갈 떠먹어 봤다면 그 한 숟갈이 된장국 전체를 판단하는 표본이 된다. 한데 만약 된장국의 된장이 잘 풀어지지 않았다면? 표본을 통해 간을 보더라도 제대로 간을 보았다고 말할 수 없다. 이처럼 통계 조사도 표본을 잘못 뽑으면 엉뚱한 결과를 초래할 수 있다.

 ## 그래프를 제대로 읽어야 해

성적이 자꾸 떨어져 걱정하던 아이가 선생님이 내민 다음 2개의 그래프를 보고 어떤 반응을 보였을까?

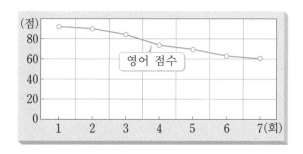

만약 영어 점수에는 안도하고, 수학 점수에는 우울해했다면 그래프 해석을 잘못한 것이다. 다시 말해서 높낮이를 결정하는 눈금을 눈여겨보지 않고 영어 점수에 비해 수학 점수의 하락폭이 훨씬 크다고 느꼈다면 말이다.

두 그래프를 꼼꼼하게 관찰해 보면 세로축의 눈금 간격의 크기가 영어 점수의 그래프에서는 20이고, 수학 점수에서는 5임을 알 수 있다. 그러니까 수학 점수 그래프는 영어 점수 그래프와 비교해 볼 때 세로로 늘려 놓은 것과 같은 꼴이 된 것이다. 그래서 수학 점수의 하락 폭이 커 보이는 것이다. 이 점을 감안해서 보면 영어 점수와 수학 점수의 하락 폭은 거의 같다.

그렇다면 그래프 해석을 잘못한 이유는 무엇일까?

첫째, 그래프에 일관성 없이 눈금을 그린 선생님의 잘못이 크다. 눈금의 간격을 어떻게 정하느냐에 따라 그래프는 다르게 해석될 수 있기 때문이다. 그러므로 자료를 정리하여 표로 만들거나 그래프를 그려서 자료의 분포 상태나 특징을 알릴 때는 전달하고자 하는 내용을 알아보기 쉽고 정확하게 나타내야 한다.

둘째, 통계 자료를 보고 정확하게 해석하지 못한 학생의 잘못도 있다. 표나 그래프와 같은 통계 자료를 접할 경우에는 자세히 관찰하고 정확히 해석할 수 있어야 한다. 이 같은 오류를 범하지 않기 위해서는 통계 자료를 작성하거나 관찰할 때 신중을 기해야 한다.

현대 사회에서 사회현상이나 자연현상을 이해하는 데 많은 도움을 주고 있는 통계를 잘못 사용하여 사실을 왜곡하거나 잘못된 판단을 내리게 만드는 일은 없어야 할 테니까 말이다.

 ## 교과 평균을 구하는 방법은?

키 166cm는 큰 편인 걸까? 영어 단어 점수 36점은 높은 편일까 낮은 편일까? 이러한 질문에 답을 얻기 위해 가장 먼저 찾는 것이 평균이다. 그렇다면 평균은 어떻게 구하는 걸까? 우선 평균을 구하는 방법은 2가지이다.

하나는 모든 변량을 몽땅 합해서 총 도수로 나누는 것이고, 또 다른 하나는 도수분포표를 이용하여 대략적인 평균을 구하는 것이다.

다음은 학생 10명의 영어 단어 점수이다. 평균을 2가지 방법으로 각각 구해 보자.

12   22   28   31   33   36   38   38   49   50

우선 주어진 변량을 모두 합해서 변량의 개수로 나눈 평균이다.

$$평균 = \frac{(변량의\ 총합)}{(변량의\ 개수)}$$
$$= \frac{12+22+28+31+33+36+38+38+49+50}{10} = \frac{337}{10}$$
$$= 33.7(점)$$

이 같은 방법으로 구한 평균은 정확하다는 장점이 있지만 반면 자료의 수가 많을 때는 계산이 힘들다는 단점도 있다.

이럴 때, 즉 자료의 수가 많을 때 다음과 같이 도수분포표를 이용하여 평균을 구하는 방법을 추천한다.

$$평균 = \frac{\{(계급값) \times (도수)\}의\ 총합}{도수의\ 총합}$$

계급	도수	계급값	(계급값)×(도수)
10^{이상}~20^{미만}	1	15	15×1=15
20~30	2	25	25×2=50
30~40	5	35	35×5=175
40~50	1	45	45×1=45
50~60	1	55	55×1=55
합계	10		340

눈 밝은 친구들은 도수분포표를 이용하여 구한 평균 $\frac{340}{10} = 34$(점)이 위에서 구한 평균 33.7(점)과 약간의 차이가 있다는 것을 발견할 수 있을 것이다.

이처럼 도수분포표를 이용하여 구한 평균은 대략적인 평균으로 자료의 실제 평균과 다를 수 있지만 자료의 수가 많을 때는 계산이 편리하다는 점을 들어 자주 이용되고 있다.

계급값을 계급의 가운데 값으로 정한 이유

도수분포표를 이용하여 구한 평균은 왜 대략적일까? 그것은 자료가 도수분포표로 주어질 경우 각 계급에 속하는 변량의 값을 정확히 알 수 없기 때문이다.

예를 들어 점수가 36점인 친구가 있다고 가정하자. 이 친구가 도수분포표로 들어갈 때는 36점을 버리고 계급 30~40(점)으로 들어간다. 이럴 경우 그다음부터는 자신의 점수를 도저히 찾을 수 없다. 30~40(점)만 봐서는 그 친구의 점수가 30점인지 40점에 가까운 점수인지 전혀 알 길이 없기 때문이다. 이럴 때 넉넉하게 잡는다고 그 친구의 점수를 39.9(점)이라고 하면 그 친구의 실제 점수가 30(점)일 경우 그 차이가 너무 커진다.

때문에 그 차이를 최소화하자는 생각에서 가운데 값을 선택한다. 이 계급을 대표하는 값으로 이 계급의 가운데 값, 즉 계급값을 이용하기로 한다.

$$계급값 = \frac{계급의\ 양\ 끝\ 값의\ 합}{2}$$

결과적으로 계급값을 계급의 가운데 값으로 정하는 이유는 실제 값과의 차이를 최소화하는 데 있다.

어떤 사람이 '직원 평균 월급 400만 원'이라는 사원 모집 공고를 보고 덜컥 그 회사에 입사를 했다. 하지만 그 사람이 한 달 동안 열심히 일하고 받은 월급은 고작 80만 원이었다. 너무나 황당한 그 사람은 "아니, 평균 월급이 400만 원이라고 했는데 왜 80만 원만 주시는 겁니까?" 하고 사장에게 따져 물었다. 한데 사장은 직원이 사기꾼으로 고소하겠다고 엄포까지 놓는 마당인데도 태연하게 전혀 문제될 것 없다고 큰소리를 쳤다.

"사장인 내 월급은 1000만 원이네. 그리고 하나 있는 상무의 월급은 400만 원이고, 과장 한 명의 월급은 120만 원이야. 그리고 자네 월급이 80만 원이니 네 사람의 평균 월급은 $\dfrac{1000+400+120+80}{4}=\dfrac{1600}{4}=400$ 만(원)이 틀림없지 않은가? 그런데 내가 왜 사기꾼이란 말인가?"

항의하던 직원은 사장의 말을 듣고 그만 말문이 막혀 버렸다.

그렇다면 왜 이런 일이 발생한 것일까?

간단히 말해 평균을 맹신했기 때문이다. 사실 월급이 고르지 않고 울퉁불퉁할 경우에는 평균은 믿을 만한 값이 못 된다. 평균은 자료가 고르지 않을 경우 큰 의미가 없기 때문이다. 이와 같이 평균은 전체의 모양을 알 수 있는 좋은 방법이긴 하지만 그렇다고 맹신하면 이런 큰 일이 발생할 수도 있다.

또 다른 예를 들어 보자.

어떤 학생이 2번의 시험에서 각각 40점과 60점을 받았다. 그것의 평균 50점은 40점과 60점을 대표할 만한 값으로 의미가 있지만, 2번의 시험에서 각각 10점, 90점을 받았다면 이때 평균 50점은 10점과 90점을 대표할 만한 값이 못 된다.

이처럼 평균만으로는 어떤 자료의 전체적인 상황을 파악하기에는 다소 무리가 따른다. 따라서 이 같은 평균을 보완해 주는 대푯값으로 중앙값, 최빈값 등이 있다. 이에 관한 내용은 중학교 3학년에 가서 배우게 된다.

어쨌든 평균은 자료 전체의 특징을 알아보기 위한 대푯값으로 가장 많이 쓰이고 있다.

모든 것은 상대적이야

사람들은 대부분 1등이나 2등을 했다고 하면 앞뒤 따져 보지도 않고 무조건 참 잘했다고 생각하는 경향이 있다. 하지만 그 같은 생각은 크게 잘못된 것이다. 10명이나 100명 중에서 1등 혹은 2등을 했다면 꽤 잘한 것이지만, 2명이나 3명 중에서 1, 2등을 했다면 정말 잘한 것인지 아직 미지수이기 때문이다. 이 말은 같은 1등이라도 전체 인원이 몇 명이냐에 따라 우수 정도가 달라진다는 것이다.

이처럼 비교하는 전체 인원이 몇 명이냐가 아주 중요한 몫을 차지하는 것이 상대적인 수치인데 이때 상대적인 수치란 전체에 대한 비율을 말한다.

예를 들어 오렌지, 사과, 파인애플, 배와 같은 다양한 종류의 과일 15개가 들어 있는 과일 바구니에 사과가 3개 들어 있다면 사과의 전체에 대한 비율은 $\frac{3}{15} = \frac{1}{5} = 0.2$이다. 즉 전체를 1로 봤을 때 사과의 상대적인 수치는 0.2이다.

이 같은 상대적인 수치의 개념은 다음과 같은 도수분포표에서도 생각해 볼 수 있다.

수학 성적이 70이상~80미만인 계급에 속하는 학생의 전체에 대한 비율은 $\frac{15}{40} = 0.375$이다.

수학 성적(점)	★ 반
	학생 수(명)
40^{이상}~50^{미만}	2
50~60	6
60~70	10
70~80	15
80~90	6
90~100	1
합계	40

이와 같이 도수분포표에서 도수의 총합에 대한 각 계급의 도수의 비율을 그 계급의 상대도수라 하고, 다음과 같이 구한다.

$$어떤\ 계급의\ 상대도수 = \frac{그\ 계급의\ 도수}{도수의\ 총합}$$

다음 표는 각 계급의 상대도수를 구하여 만든 상대도수의 분포표이다.

수학 성적(점)	★반	
	도수(명)	상대도수
$40^{이상}{\sim}50^{미만}$	2	$\frac{2}{40}=0.05$
$50{\sim}60$	6	$\frac{6}{40}=0.15$
$60{\sim}70$	10	$\frac{10}{40}=0.25$
$70{\sim}80$	15	$\frac{15}{40}=0.375$
$80{\sim}90$	6	$\frac{6}{40}=0.15$
$90{\sim}100$	1	$\frac{1}{40}=0.025$
합계	40	1

　　이처럼 상대도수를 이용하면 각 계급의 도수가 전체에서 차지하는 비율을 한눈에 볼 수 있다. 결국 전체를 1로 봤을 때, 그 계급이 차지하는 비율이 어느 정도 되는지 알아보는 것이 상대도수이다. 때문에 상대도수의 분포표에서 상대도수의 합은 항상 1이다.

기본도형

기본도형

 융합 **수학의 굵은 줄기는 대수와 기하이다**

기원전의 수학은 2가지 큰 줄기로 나뉘었다. '대수'와 '기하'가 바로 그
것이다. 수학 용어가 낯설고 어렵게 느껴질 수도 있겠지만 대수와 기하
모두 그 개념은 초등학교 시절 약간이나마 배운 것들이므로 기억을 더
듬어 보자.

먼저 대수는 무엇일까?

대수는 '대수학代數學'의 줄임말로, '대신하다'를 뜻하는 한자어 대代를
보면 알 수 있듯 수 대신 문자를 사용한 방정식을 푸는 데서 시작되었다.
$x+1=\frac{3}{2}$, $2y=5$이나 $x+1=\frac{3}{2}$, $2y=5$에서 x 또는 y를 구하는 방
정식 말이다. 이를 정리해 보면 대수는 수와 수 사이의 관계를 연구하거
나 수학 법칙 따위를 간단 명료하게 나타내는 것으로 방정식이나 부등식

과 같은 다양한 식이 모두 대수에 포함된다.

그럼 기하는 무엇일까?

기하는 '기하학幾何學'의 줄임말로 영어로는 geometry이다. 'geo-'는 땅 토지, 'metry'는 '재다'에서 알 수 있듯이 토지 측량을 위해 도형을 연구하는 데서 시작된 수학 분야이다. 고대 이집트에서 시작된 이래 현재에 이르기까지 그 연구의 대상 및 방법은 다양하다.

기하학에서는 원이나 삼각형, 사각형 등의 그림을 올바로 그리는 방법을 연구하거나 삼각형의 안쪽에 있는 각의 크기의 합이 180°이고 바깥쪽 각의 크기의 합이 360°인 이유를 알아내고자 노력한다. 다시 말해 삼각형의 넓이를 구하는 공식 $\frac{1}{2} \times$ (밑변의 길이) $\times$ (높이)와 같은 수학의 요소들이 무엇으로부터 나왔는지를 연구하는 분야이다.

이와 같이 기하학은 기본적으로 각, 길이, 넓이, 부피 등 도형의 기본적인 요소와 이 요소들 사이의 상호 관계를 알아내는 것을 1차적인 관심사로 갖는다. 그리고 더 나아가서는 삼각형, 사각형, 원과 같은 평면 도형이나 직육면체, 원기둥과 같은 입체도형에 관한 성질들을 다룬다.

물론 현대 수학은 대수와 기하만으로 이루어져 있지는 않다. 고대 수학과 달리 현대 수학에는 대수와 기하 외에도 함수와 도형을 이어 주는 해석학이나 확률과 통계를 다루는 통계학 등이 포함되어 있는 것처럼 말이다. 시간이 흐를수록 뿌리를 넓게 뻗어 나가는 나무들처럼 수학의 줄기들도 다양해진다는 걸 기억해 두면 좋겠다.

기하는 어떻게 태어났을까?

기하의 탄생에 대한 궁금증이 든다. 기하는 어떻게 태어났을까?

이집트는 일 년 내내 거의 비가 내리지 않는 데다 매우 덥고 건조해서 사막화되기 쉬운 기후 조건을 타고났다. 하지만! 다행히도 이집트 한가운데로 흐르는 나일 강이 해마다 주기적으로 범람하면서 이집트의 기후 문제를 해결해 주었다. 흔히 '나일 강의 기적'이라 불리는 주기적인 강의 범람이 이집트의 열악한 기후 조건을 해결해 주었다니! 여름이면 홍수 때문에 수해를 당하는 우리 입장으로선 쉽게 납득이 가지 않는다.

이집트의 홍수는 우리나라의 홍수와 무엇이 다른 걸까? 우선 그 결과가 달랐다는 걸 기억해 두자. 강이 범람하면서 부족했던 물이 해결되었을 뿐만 아니라 상류 지방의 비옥한 흙이 물살에 휩쓸려 와 범람 이후에는 따로 비료를 뿌리지 않아도 곡식이 잘 자라는 땅이 되곤 했다. 덕분에 이집트는 빠르게 발달하는 농경 산업을 앞세워 최초의 문명국이 되었다.

그렇다면 나일 강의 홍수는 온전히 긍정적인 결과만 낳았을까?

그렇지 않다. 강의 범람으로 비옥한 토지를 마련할 수는 있었지만 동시에 네 땅, 내 땅을 구분하는 토지의 경계가 매번 사라져 버렸기 때문이다. 상상해 보라. 홍수가 날 때마다 자기 땅을 찾기 위해 이웃과 옥신각신하는 광경을. 비옥한 땅은 남았지만 경계와 인심이 허물어져 버렸으니 대책이 필요했다.

이집트인들은 문제를 해결하기 위해 나름의 방법을 강구하기 시작했다. 그래서 발달한 것이 나일 강의 범람 시기를 정확히 예측하기 위한 역학, 둑을 쌓고 운하를 파는 토목 기술, 유실된 농토를 정확히 측량할 수 있는 측량술 같은 분야이다. 이 중 수학적인 것만 따로 떼어 생각해 보자.

우선 매년 홍수가 발생하였으므로 이집트의 관리들은 홍수 피해를 감안하여 세금을 거둘 필요가 있었다. 그래서 생겨난 것이 분수 계산이다. 그리고 앞서 살펴보았듯 홍수로 유실된 땅을 범람 이전의 상태로 구분하는 일이 필요했다. 이웃들끼리 네 땅이니 내 땅이니 하고 싸우지 않을 수 있게 말이다. 이런 고민에서 발전한 것이 측량술인데 이 토지 측량술이 바로 기하의 모태가 된다.

그러니까 기하는 나일 강의 범람 덕분에 발달한 측량술에서 태어난 것이라고 할 수 있다.

기하학 하면 그리스를 떠올리는 이유는?

앞에서 이야기했듯이 기하는 이집트인의 측량 기술에서 태어났다. 하지만 이집트에서의 측량술은 체계적인 학문으로서 면모를 갖추지는 못했다. 이집트인들이 갖고 있는 대부분의 지식은 경험을 통해 얻은 것으로 생활에는 크게 보탬이 되었지만 그것들을 짜임새 있게 정리하지는 못했기 때문이다.

실생활의 지식을 정리하고 이론적으로 통일시켜 기하학이라는 학문으로까지 끌어올린 이들은 바로 고대 그리스인이다. 그렇다면 그리스인들은 어떻게 이집트인의 경험적 수학을 제치고 이론과 체계를 갖춘 기하학으로 발전시킬 수 있었을까?

그것은 우선 고대 그리스인들의 타고난 성향 탓이라 짐작할 수 있다. 대부분의 그리스인들은 어떤 문제든 대충 넘어가는 법이 없이 "왜?"라고 따져 묻기를 좋아했다.

왜 맞꼭지각의 크기는 서로 같을까?

왜 삼각형 내각의 크기의 합은 180°일까?

왜 세 변의 길이의 비가 각각 3, 4, 5인 삼각형은 직각삼각형일까?

수학에서는 이처럼 하나하나 왜 그렇게 되는지를 따져 묻는 일이 아주 중요하다.

그다음 그리스인들은 생각하기를 좋아하고 배우는 데 열심이어서 이집트나 메소포타미아 같은 타국의 문화나 앞선 학문을 받아들이는 데도 전혀 거리낌이 없었다. 최초의 수학자 탈레스를 비롯하여 피타고라스, 유클리드, 아르키메데스와 같은 대표적인 수학자들은 모두 이집트나 메소포타미아의 수학 지식을 많이 배워와 체계적으로 연구하였다.

그리스 기하학이 체계적인 학문의 면모를 갖추게 된 것은 모두 그와 같은 수학자들의 공로가 크다. 특히 탈레스는 직접 잴 수 없는 피라미드의 높이도 태양에 비친 그림자를 이용하여 알아냈을 정도로 이론적인 수학에 능하였다. 그는 또 이집트인들의 토막 지식을 이론적으로 통일시킨 최초의 그리스인이기도 하다. 닮음의 성질을 이용하여 피라미드의 높이를 계산해 낸 것처럼 말이다.

이와 같은 여러 가지의 이유로 기하학 하면 우리는 그리스를 떠올리는 것이다.

융합 이집트 수학 vs 그리스 수학

이집트 수학과 그리스 수학을 요리에 비유해 보자.

이집트 수학이 오랜 경험을 바탕으로 음식 맛을 낼 줄 아는 할머니의 전통적인 손맛이라면, 그리스 수학은 할머니의 전통적인 손맛을 참고하여 공식적인 레시피를 만들어 놓은 전문 요리사의 맛으로 비유할 수 있다. 레시피를 사용하면 누가 요리를 하든 한결같은 맛이 나는 것처럼 그리스 수학자들은 지식을 짜임새 있는 체계로 엮어 누구나 납득할 수 있는 기하학을 만들어 놓았다. 누구나 납득할 수 있으려면 무엇보다 용어에 대한 뜻이 분명해야 한다. 때문에 그리스 기하에서는 용어에 대한 약속부터 확실하게 해 두었는데, 수학에서는 이것을 '정의'라고 한다. 이처럼 기하에서 용어에 대한 정의를 확실하게 해 둔 이유는 누구나 군말 없이 납득할 수 있게 하기 위해서이다.

예를 들어 수학 용어 '정사각형'에 대한 정의는 '네 변의 길이가 모두 같고 네 각의 크기가 모두 같은 사각형'이다. 따라서 두루뭉술하게 네 변의 길이가 모두 같은 사각형을 정사각형이라고 생각하면 틀린다. 이와 같이 수학에서는 정의가 아주 엄격하다. 이 엄격함 때문에 기하가 어렵고 딱딱하게 느껴질 수도 있지만, 한편으로는 이 엄격함 때문에 수학이 지금까지 기초 과학의 중심 무대에 우뚝 서 있는 것이다.

이처럼 정의를 바탕으로 틀을 갖춘 기하학을 그리스 수학자 유클리드는 『기하학 원본』이라는 책에 담아냈는데, 이 한 권의 책으로 그리스에서 수학은 새롭게 태어났다.

 유클리드! 그는 누구인가?

고대 그리스 수학자 유클리드는 기하학의 창시자이다. 때문에 한때 유클리드는 기하학의 대명사처럼 여겨져서 유클리드는 기하학으로, 기하학은 유클리드로 혼용되기도 했다. 하지만 오늘날에는 유클리드 기하학

외에 다른 종류의 기하학들, 즉 비유클리드 기하학, 리만 기하학 등이 알려지면서 유클리드와 기하학은 확실히 구분해서 사용하고 있다.

너무 복잡하다고 여겨지는가? 뭐 우리 친구들이 중학교 과정에서 배우는 도형들은 대부분 유클리드 기하학에 포함되니 너무 쫄지 말자.

그렇다면 유클리드 기하학은 무엇일까?

유클리드 기하학은 유클리드가 쓴 『기하학 원본』이라는 책을 기초로 한 기하학이다. 『기하학 원본』은 '기하학원론' 또는 '원론'이라고도 불리는 일종의 기하학 입문서로 기하학에 관한 많은 공리와 정리를 체계적으로 정리해 놓았다. 이 빈틈없는 논리적인 체계성 때문에 『기하학 원본』은 지금까지도 많은 사람이 읽고 있다. 또 유럽에서는 『성경』 다음으로 많이 읽힌 책이라고 하니 그 인기가 어느 정도인지 충분히 짐작할 수 있다.

『기하학 원본』은 총 13권으로 되어 있으며 평면기하와 입체기하를 주로 다루었지만, 당시 수학자이자 철학자인 피타고라스·플라톤 학파의 엄청난 지식까지도 집대성하여 엄밀한 이론 체계를 갖추어 넣었나고 한다.

유클리드는 어떤 사람이었을까?

그의 일생에 대해서는 『기하학 원본』을 썼다는 것과 알렉산드리아에서 왕 프톨레마이오스 1세에게 수학을 가르친 적이 있다는 것 외에는 알려진 바가 없다. 하지만 왕에게 수학을 가르칠 때의 일화는 "학문에는 왕도가 없다"는 명언과 함께 기록으로 남아 있는데 그 내용은 다음과 같다.

유클리드에게 수학을 배우던 왕이 『기하학 원본』의 내용이 점점 어려워지자 "좀 더 알기 쉽게 원론을 공부하는 방법은 없는가?"라고 물었다. 그러자 유클리드는 "기하학에는 왕도가 없습니다"라는 대답으로 불만을 일축해 버렸다. 기하학에 능숙해지려면 왕이건 거지건 간에 오로지 열심히 공부하는 것밖에 다른 도리가 없다는 유클리드의 이 대답은 쉬운 길만 찾으려 하는 요즘 친구들에게도 시사하는 바가 클 것이다. 정말 학문에는 왕도가 없으니 말이다.

 ## 가장 오래된 수학책! 아메스의 파피루스

기원전 1600년경 고대 이집트에는 왕국의 미래를 걱정하는 아메스라는 이름의 지식인이 있었다. 그는 승려이자 왕궁 서기관이었다. 그의 신분을 굳이 언급하는 이유는 당시 이집트에서는 고위 관직에 있는 사람만이 수학 공부를 할 수 있는 자격을 얻을 수 있었기 때문이다.

아무튼 운 좋게 수학 공부를 할 수 있었던 아메스는 학업에 열중하던 중에 수학이 왕국의 이익 증진을 위해 반드시 필요한 학문임을 절감하고 그동안 배운 수학 지식들을 파피루스에 옮겨 적기를 시도했다. 파피루스는, 우리 친구들도 몇 번 들어 본 적이 있겠지만, 나일 강가에서 자란 갈대 비슷한 풀로 고대 이집트에서는 이것을 종이 대신 사용했다.

아메스의 파피루스가 유명한 이유는 무엇일까?

이 파피루스가 인류의 역사가 시작된 이래 쓰여진 최초의 수학책이기 때문이다. 아메스의 파피루스는 그동안 도굴꾼에 의해 여기저기 팔려 나가다 19세기에 영국인 린드가 발견하여 지금은 영국박물관에 보관 중이라고 한다. 참고로 아메스의 파피루스는 발견자 린드를 기념하여 린드 파피루스라고도 불린다니 상식으로 알아 두자.

아메스가 파피루스에 기록해 둔 수학 문제는 총 84문제로 그중에는 다음과 같은 문제도 있다.

> • 지름이 9케트인 원의 넓이를 구하여라.
> • 지름이 9이고 높이가 6인 곡물 창고가 있다. 그 안에 들어가는 곡물의 양은 얼마인가?
> • 받을 사람이 10명인데 9개의 빵이 있다면 어떻게 공평하게 나눌 것인가?

우리 친구들의 입장에선 이 정도의 문제쯤은 아주 간단하게 풀 수 있겠지만, 그 당시 고대 이집트에서는 지식인들만 수학을 공부할 수 있었다는 점을 감안할 때 분명 기록해 두고 참고할 만한 문제였을 것이다.

수학의 얼굴은 추상이야

흔히 수학을 추상적인 학문이라고들 한다. 그 이유는 무엇일까? 먼저 추상의 의미부터 알아보자.

추상抽象의 추抽가 '뽑아낸다'는 뜻을 가지고 있듯 추상은 한마디로 '필요한 부분만을 뽑아냄'을 의미한다. 때문에 하나의 사물을 여러 가지로 추상할 수 있다.

예를 들어 쭉쭉 뻗은 아파트를 직육면체로 추상할 수 있는가 하면, 사각형이나 선 또는 점으로 추상할 수 있는 것처럼 말이다. 네모난 것들뿐만이 아니다. 달, 사과, 포도같이 둥근 것들을 추상하면 구가 되었다가 원이 되기도 하고 종국에는 하나의 점으로 추상된다.

간단히 살펴본 두 예에서 잘 알 수 있듯 모든·물체에 대한 추상의 끝은 하나의 점이다. 그것은 거대한 입체에서 면을 뽑아내고, 면에서 선을, 또 선에서 점을 뽑아내는 것과 같은 원리이다. 이는 점에서 선이 태어나고, 선에서 면이 태어나고, 그 면이 모여 입체를 형성하는 과정을 떠올려 보면 당연한 일이다.

예를 들어 아래 그림에서 수 2를 뽑아낸 것도 추상이고, 표에서 직육면체나 사각형, 원, 부채꼴과 같은 도형도 모두 사물의 공통 성질에 주목하여 뽑아낸 추상이다.

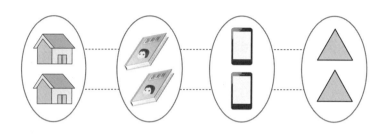

물건	추상 1	추상 2	추상 3	추상 4
아파트, 책, 휴대전화	(육면체)	(직사각형)	——	·
음료수 캔, 나무	(원기둥)	(원+사각형)	—	·
배, 복숭아, 달	(구)	(원)	·	

이와 같이 추상된 그림을 통해 모양의 특징을 찾고 모양들의 관계를 알아보는 것, 그것이 바로 기하이고 수학이다. 이런 이유에서 수학을 추상적인 학문이라고 한다.

참고로 사람들은 밀집해 있는 아파트를 보고 성냥갑 같은 아파트라고 표현한다. 이때 아파트가 성냥갑으로 둔갑한 것은 아파트가 가진 추상 때문이다. 또 약도를 그릴 때 아파트는 하나의 선 또는 점으로 표시되기도 하는데, 이것들은 모두 아파트에서 공통되는 특성이나 속성 따위를 뽑아내 추상한 것이다. 또한 아이들이 태양을 그릴 때 둥그런 구나 원 모양으로 그리는 것도 태양을 추상한 것이다.

그림 그리고 추상

예술 작품 속에서 우리는 쉽게 추상을 발견할 수 있다. 특히 칸딘스키나 몬드리안과 같은 대표적인 추상파 화가들은 다음 그림처럼 작품에서 대상을 구체적으로 표현하지 않고, 순수 조형 요소인 점·선·면·색 등으로 자신의 감정이나 사상을 표현하기도 한다. 두 사람의 작품을 예로 들어 살펴보자.

〈빨강, 파랑, 노랑의 구성, 몬드리안〉

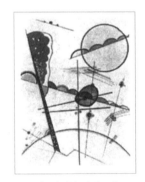
〈콤퍼지션, 칸딘스키〉

몬드리안은 그림에서 파악할 수 있듯이 수직선과 수평선만을 사용하여 질서나 조화의 아름다움을 표현한 기하학적 추상 작품을 많이 그렸다. 반면 칸딘스키의 추상 작품은 몬드리안과는 극명하게 다른 그림 스타일에서 잘 드러나듯 비정형적이며 서정적이다.

추상을 이해하니 수학이 보이고 그림이 보인다!

추상화를 감상할 기회가 생긴다면 알차게 써먹어 보자.

용합 우리가 알고 있는 대부분은 실체가 아닌 추상

끝이 없어 보이는 넓은 평야를 어떻게 지도에 그리지? 끝이 없는 직선을 어떻게 공책에 그리지? 이런 것들을 가능하게 한 것이 바로 추상이다.

평면은 한없이 펼쳐져 있는 평평한 면이고, 직선은 한없이 늘인 곧은 선이다. 둘의 공통점은 끝이 없다는 것이다. 그럼에도 불구하고 수학에서는 평면과 직선을 간단하게 단순화하여 다음과 같은 그림으로 나타낸다.

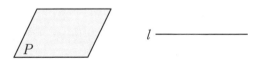

이것은 끝없는 평면을 평행사변형으로 추상하고, 끝없는 직선을 아주 짧은 선으로 추상한 것이다. 이렇게 나타낼 수 있는 것은 불필요한 것은 버리고 필요한 부분만 뽑아내는 추상 덕분이라는 것을 앞서 설명했다. 참고로 평면 P는 평면을 나타내는 영어 Plane의 처음 글자이고, 직선 l은 선을 나타내는 line의 처음 글자이다. 따라서 평면을 나타내는 기호는 P이고, 직선을 나타내는 기호는 l이다.

 ## 도형을 이루는 기본 요소는 점·선·면이다

작은 샛길은 대부분 누군가의 첫발자국으로부터 시작된다. 그 발자국들이 모이고 모여서 연속적으로 이어지면 샛길이 되는 것이다. 이때 발자국을 점, 샛길을 선으로 추상하여 생각하면 다음 그림처럼 점이 연속하여 움직인 자리는 선이 됨을 알 수 있다.

또 샛길을 점점 늘려 나가면 폭을 갖게 되는데, 그 샛길의 폭을 면으로 생각해 보자. 이제 다음 그림과 같은 면이 된다. 선이 모여 면이 되는 것이다.

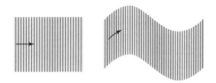

　따라서 선은 무수히 많은 점으로 이루어져 있고, 면은 무수히 많은 선으로 이루어져 있다. 그런데 선에는 반듯한 직선도 있지만 휘어진 곡선도 있고, 또 면에는 평평한 평면이 있는가 하면 굽은 곡면도 있다.

　이와 같은 점, 직선, 곡선, 평면, 곡면은 모두 도형이다. 즉, 점, 선, 면, 입체 또는 이것들로 이루어진 것들을 통틀어 '도형'이라고 한다. 그래서 점, 선, 면은 물론이고 삼각형, 사각형, 원, 직육면체, 원뿔 등과 같은 것들은 모두 도형이 된다.

　도형은 벽에 붙어 있는 액자나 달력 또는 매일 아침마다 배달되는 우유에서도 찾아볼 수 있다. 액자나 달력은 사각형 모양이고, 또 우유를 담고 있는 우유갑은 직육면체 모양이니까 말이다.

　그리고 보니 이 세상에 있는 많은 것을 도형이라는 이름으로 분류할 수 있겠다는 생각이 든다. 이 같은 도형은 크게 평면도형과 입체도형으로 나눌 수 있다.

　평면도형은 점, 직선, 곡선, 다각형, 원과 같이 한 평면 위에 있는 도형으로 길이나 폭만 있고 두께가 없는 도형이다. 반면 입체도형은 직육면체, 구, 원뿔과 같이 한 평면 위에 있지 않는 도형으로 두께부피가 있는 도형이다.

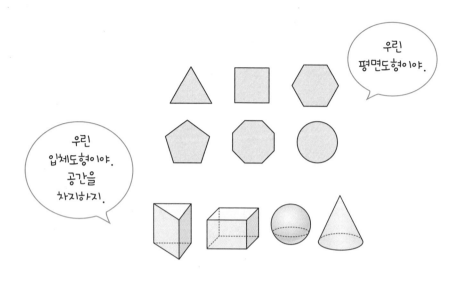

이때 평면도형과 입체도형의 공통점은 모두 점, 선, 면으로 이루어졌다는 것이므로 도형을 이루는 기본요소는 점, 선, 면이라고 할 수 있다.

융합 화소는 점이다

이미지의 최소 단위는 픽셀이다. 그림picture과 원소element로 만들어진 합성어 픽셀pixel은 우리말로 번역하면 '화소畵素'이다. 원소에서 알 수 있듯이 이미지를 이루는 가장 작은 단위인 네모 모양의 작은 점들을 말한다. 즉 더 이상 쪼개지지 않는 작은 점이 바로 픽셀이다. 이 픽셀들이 모여 그림 이미지를 만들어 낸다.

　포토샵과 같은 그래픽 프로그램에서 보여 주는 이미지를 계속 확대하다 보면 그림이 깨지는 현상이 나타나는데, 그때 깨진 그림의 선들은 매끄러운 선이 아니라 계단처럼 연결되어 있는 작은 사각형들처럼 보인다. 그 작은 사각형이 바로 픽셀, 즉 화소이다.

　만약 여러분이 해상도가 640×480인 디지털 카메라로 사진을 찍었다면 그 사진 한 장 속에는 작은 점, 즉 픽셀이 640×480＝307200개 들어 있다. 307200개의 점들이 모여 예쁜 사진이 되는 것이다. 그리고 화소 수가 많을수록 해상도가 높아진다. 같은 사진 안에 픽셀, 즉 화소가 더 조밀하게 많이 들어 있을수록 사진이 더 선명하고 정교해지기 때문이다. 이렇게 사진은 조밀한 점들이 모여 선이 되고, 그 선들이 모여 면을 이루면서 만들어진다.

　다시 한 번! 그림이나 사진의 가장 작은 단위는 픽셀이고, 도형의 가장 작은 기본 단위는 점으로 둘은 서로 같은 개념이다. 따라서 여러분은 예쁜 사진 속의 화소를 따져보듯이 도형 속의 점도 읽을 수 있어야 한다.

교과 맞꼭지각의 크기는 같다

　교점, 교선, 교각에서 공통으로 들어 있는 '교' 자는 만날 교交이다. 그러니까 이 용어들은 모두 만남이 있는 곳에서 생겨났다. 선과 선이 만나는 곳에서 교점과 교각이 생겨나고, 면과 면이 만나는 곳에서 교선이 생겨난 것이다.

　서로 다른 두 직선이 만날 때 생기는 교각에 대해서 알아보자.

　다음 그림처럼 서로 다른 2개의 직선 또는 2개의 선분이 한 점에서 만나면 각이 생긴다. 이처럼 서로 다른 두 직선이 만날 때 생기는 각의 이름을 '교각'이라고 하고, 그 교각 중에서도 특별히 서로 마주 보는 두 각을 '맞꼭지각'이라고 하는데 맞꼭지각의 크기는 언제나 서로 같다.

일상생활에서도 그 예는 많이 찾을 수 있다. 예를 들어 그림과 같이 교차하는 펜싱 검이나 입 벌린 가위, 시소 등에서 발견되는 맞꼭지각의 크기가 서로 같은 것처럼 말이다.

이처럼 맞꼭지각의 크기가 서로 같다는 것은 기원전 그리스 수학자 탈레스가 이미 명쾌하게 증명했다. 그리스 최초의 철학자이자 수학자인 탈레스는 당시 사람들이 짐작으로 그럴 것 같다고 생각하는 것에 그치지 않고 다음과 같이 이치를 따져 누구나 납득할 수 있게 맞꼭지각의 크기에 대해 합리적인 설명을 내놓았다.

두 직선 l, m이 한 점에서 만날 때 생기는 4개의 교각을 $\angle a$, $\angle b$, $\angle c$, $\angle d$라 할 때 $\angle a + \angle b = 180°$이고, $\angle b + \angle c = 180°$이다.

따라서 $\angle a + \angle b = \angle b + \angle c$이므로 $\angle a = \angle c$이다.

같은 방법으로 생각하면 $\angle b = \angle d$이다.

따라서 맞꼭지각의 크기는 서로 같다.

교과 맞꼭지각의 개수를 구하는 공식도 있다

앞서 우리는 두 직선이 만나기만 하면 각이 크건 작건 상관없이 항상 맞꼭지각의 크기는 서로 같다고 이야기했다. 이 같은 맞꼭지각은 2개의 직선이 만나서 생기는 교각이므로 몇 개의 직선이 만나느냐에 따라 생기는 맞꼭지각의 개수도 달라진다. 그렇다면 직선의 개수와 맞꼭지각의 개수 사이에는 어떤 함수 관계가 있을까?

우선 서로 다른 두 직선이 한 점에서 만날 때 생기는 맞꼭지각은 다음 그림처럼 2쌍이다.

또 서로 다른 세 직선이 한 점에서 만날 때 생기는 맞꼭지각은 다음 그림처럼 모두 6쌍이다.

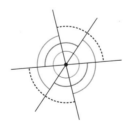

왜냐하면 세 직선이 한 점에서 만날 때, 바로 이웃한 직선끼리 생기는 맞꼭지각과 하나 건너 서로 이웃하지 않는 직선끼리 생기는 맞꼭지각이 각각 3개씩으로 3＋3＝6쌍이 되기 때문이다.

그렇다면 서로 다른 네 직선이 한 점에서 만날 때 생기는 맞꼭지각은 몇 쌍일까?

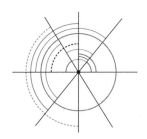

서로 다른 네 직선이 한 점에서 만날 때는 위 그림처럼 바로 이웃한 직선끼리 만나서 생기는 맞꼭지각이 4쌍이고, 하나 건너 서로 이웃하지 않는 직선끼리 만나서 생기는 맞꼭지각이 4쌍, 또 둘 건너 만나는 직선으로 인해 생기는 맞꼭지각이 4쌍이 생겨 모두 $4+4+4=12$쌍이 된다.

이것을 표로 정리하면 다음과 같다.

한 점에서 만나는 직선의 개수	2	3	4	5	⋯	n
맞꼭지각의 수(쌍)	2	6	12	20	⋯	N
규칙을 찾자	$2=2\times1$	$3+3$ $=3\times2$	$4+4+4$ $=4\times3$	$5+5+5+5$ $=5\times4$	⋯	$n+n+\cdots+n$ $=n\times(n-1)$

표를 통해 알 수 있는 것처럼 서로 다른 n개의 직선이 한 점에서 만나서 생기는 맞꼭지각의 개수는 $n \times (n-1)$개다. 예를 들어 서로 다른 10개의 직선이 한 점에서 만날 때 생기는 맞꼭지각의 개수를 구한다면 위 공식의 n에 10을 대입하면 된다. $10 \times (10-1) = 10 \times 9 = 90$개, 이런 식으로 말이다. 결론적으로 한 점에서 만나는 직선의 개수 n과 그 교각에서 생기는 맞꼭지각의 개수 N 사이에는 관계식 $N = n \times (n-1)$이 성립하므로 N은 n의 함수이다.

거리와 높이는 짧아야…

서울에서 부산까지의 총거리에 대해 내비게이션에 묻는다면 어떤 답이 나올까? 394km, 384km, 419km, … 이렇게 여러 대답이 가능한 이유는 서울에서 부산을 잇는 길이 하나가 아니기 때문이다. 어떤 길을 택하느냐에 따라 총 거리가 달라진다. 구불구불한 국도를 이용하면 길어지고 직선의 고속도로를 이용하면 짧아지는 식으로 말이다.

서울과 부산을 각각 점 A, B로, 두 곳을 잇는 길을 선으로 추상하여 표시하면 다음 그림과 같이 선이 무수히 많다는 것을 알 수 있다.

그중에서 가장 짧은 길은 선분 AB로 오직 하나이다. 이때 선분 AB의 길이를 두 점 A, B 사이의 거리라 하고, 선분 AB의 길이가 350km인 것을 기호로 $\overline{\text{AB}}=350\text{km}$와 같이 나타낸다.

이 같은 거리 개념은 나무의 높이를 재는 데도 활용할 수 있다. 나무 맨 꼭대기에서 바닥까지의 거리를 나무의 키 혹은 높이라고 하면 나무의 높이는 나무의 모양과는 상관없이 길이가 가장 짧은 것을 택하기로 한다. 서울과 부산의 거리 재기와 마찬가지로 말이다. 이때 바닥에서 꼭대기까지의 가장 짧은 거리를 선택하기 위해서는 바닥과 수직으로 높이를 재야 한다. 나무의 꼭대기를 한 점 P로 하고, 땅바닥을 하나의 직선 l로 표시하여 그림을 그리면 다음과 같다.

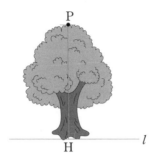

이때 나무의 높이는 나무 꼭대기 한 점 P와 바닥 l을 잇는 선분 중에서 길이가 가장 짧은 선분 PH이다.

이 선분 PH의 길이를 점 P와 직선 l 사이의 거리라고 한다. 이때 수직인 선분 PH와 직선 l과의 교점 H의 이름은 '수선의 발foot'이다. 그러므로 우리가 키를 잴 때 허리를 반듯하게 펴서 키가 커 보이게 했다는 것은 수선의 발과의 거리를 늘렸다는 것을 뜻한다.

점과 점을 잇는 거리든, 점과 선을 잇는 거리든 모두 가장 짧은 선분을 선택한다는 것! 기억해야 할 것이다.

 융합 교점이 있으면 반드시 신호등을

하루에도 몇 번씩 마주치는 신호등은 차도와 차도가 만나거나 횡단보도와 차도가 만날 때 만나는 그 지점, 즉 교점에서 일어날 수 있는 충돌을 예방하기 위해 만든 시설이다.

하지만 때때로 이 시설은 무용지물이 되곤 한다. 등교 시간에 쫓겨 마음이 급할 때나 타야 할 버스를 신호등에 걸려 놓치기 일보 직전일 때면 발이 절로 움직일 때가 있지 않은가! 신호등에 대한 불평이 절로 나온다.

자동차를 운전하는 사람 입장에서도 별반 다르지 않다. 신호등은 상당한 연료 손실을 초래하기 때문이다. 이런 불편함에도 불구하고 신호등을 없애지 못하는 이유는 앞서 얘기 했듯이 교차점에서 발생할 수 있는 사고 때문이다.

사고를 방지하면서도 보행자와 운전자 모두가 씽씽 달릴 수 있는 좋은 방법은 없을까?

방법이 있긴 하다. 사고를 일으키는 교차점을 모두 없애면 된다! 그런데 교차점을 없앤다는 게 가당키나 한 얘길까? 뭐 전혀 불가능한 이야기는 아니다. 사람과 차가 만나는 곳에는 횡단보도 대신에 육교를 세우면 되고, 또 차도와 차도가 만나는 곳에는 입체 차로를 만들면 된다. 우리 친구들도 교통량이 많은 주요 도로나 고속도로 나들목, 분기점 등에서 입체 차로를 본 적이 있을 것이다. 이 입체 차로를 만들면 평면 교차로와 달리 교차점이 생기지 않아 신호등이 전혀 필요 없다. 이처럼 공간에서 서로 만나지도 않고 평행하지도 않는 인도육교와 차도 또는 차도와 차도와 같은 위치 관계를 수학에서는 '꼬인위치'라고 한다. 이때 꼬인위치란 공간에서 두 직선이 서로 만나지도 않고 평행하지도 않을 때의 위치 관계이다.

참고로 고속도로 Interchange(IC)를 나타내는 나들목은 고속도로와 일반
도로를 연결하는 도로 시설물로 등급이 다른 도로 간의 교차로 이름이
고, 고속도로 Junction(JC)을 나타내는 분기점은 고속도로와 고속도로를
서로 연결하는 도로 시설물로 등급이 같은 도로 간의 교차로 이름이다.

　　신호등이 필요한 평면 교차로에도 삼거리나 사거리, 오거리와 같은 이
름이 있듯이 신호등이 필요 없는 입체 교차로에도 IC와 JC 같은 이름이
있는 것이다.

3대 작도 불능 문제

　　'고대 그리스' 하면 무엇이 떠오르는가? 대부분의 학생들은 그리스 하
면 그리스 로마 신화만을 떠올릴 것이다. 하지만 그리스의 위대한 유산
은 신화에 국한되지 않는다. 그리스는 제우스와 헤라의 나라일 뿐만 아
니라 철학자 소크라테스와 플라톤의 나라이기도 하기 때문이다. 아니,

수학 얘기를 하던 중에 웬 철학이야기냐고?

당연한 의문이지만 이참에 알아 두자. 지금이야 수학과 철학, 과학들이 각각 다른 학문으로 구별되어 있지만 과거에는 그 구분이 명확하지 않았다는 것. 그렇기 때문에 당시의 지식인들은 철학자가 수학자이기도 하고 과학자이기도 했다.

이제 살펴볼 사람들은 그리스의 도시국가 아테네에서 활동했던 소피스트들이다. 그들은 소크라테스, 플라톤 등과 같은 시대에 활동했던 철학가 무리로 지혜로운 자들이란 이름과 달리 절대적인 진리가 아니라 상대적인 진리를 추구하고 이치에 닿지 않는 궤변을 곧잘 늘어놓았다. 분명히 옳지 않은 말임에도 불구하고 화려한 언변과 이상한 논리로 반박할 수 없게 하는 사람들이 떠오른다면 바로 정답이다.

이렇게 소피스트는 궤변에 능숙한 언어 마술사로 그릇된 것도 옳은 것처럼, 또 옳은 것도 그릇된 것처럼 꾸며내기를 잘했는데 이러한 그들만의 방식은 수학에도 예외 없이 적용되었다. 그들은 다음과 같은 작도 문제처럼 정답이 있는지 없는지 모를 까다로운 문제를 툭 던져 두고 사람들을 애먹이곤 했다.

- 임의의 각을 3등분할 수 있는가?
- 주어진 정육면체 부피의 2배를 가진 정육면체를 작도할 수 있는가?
- 주어진 원과 넓이가 똑같은 정사각형을 작도할 수 있는가?

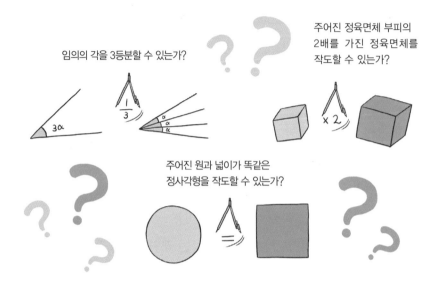

임의의 각을 3등분할 수 있는가?

주어진 정육면체 부피의 2배를 가진 정육면체를 작도할 수 있는가?

주어진 원과 넓이가 똑같은 정사각형을 작도할 수 있는가?

당시 학자들의 쉼 없는 노력에도 불구하고 해결하지 못했던 난제들은 그로부터 무려 2000년이나 지난 뒤에야 "이것은 눈금 없는 자와 컴퍼스만으로는 작도가 불가능하다"라는 결론을 내렸다. 3대 작도 불능 문제가 탄생한 것이다.

대변과 대각의 공통어 '대'는 대화와 대면의 '대'와 같다고?

다음 그림과 같이 한 직선 위에 있지 않는 세 점 A, B, C를 세 선분으로 연결하여 만들어진 삼각형을 △ABC와 같이 나타낸다.

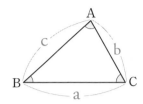

삼각형은 세 변과 3개의 내각으로 이루어져 있는데 이 세 변과 세 내각을 삼각형의 6요소라고 한다. 또 △ABC에서 ∠A와 마주 보는 변 BC를 ∠A의 대변 또는 꼭짓점 A의 대변이라 하고, ∠A를 변 BC의 대각이라고 한다. 따라서 ∠B의 대변은 변 AC, ∠C의 대변은 변 AB이고, 변 AC의 대각은 ∠B, 변 AB의 대각은 ∠C이다.

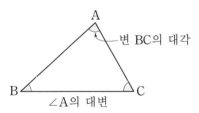

수학 용어 대변과 대각에서 대對는 서로 마주 본다는 뜻을 포함하고 있다. 마주 대하여 이야기를 주고받음을 나타내는 대화對話와 서로 얼굴을 마주보고 대하는 대면對面과 같은 단어를 떠올리면 이해가 쉬울 것이다.

네 변의 길이가 모두 5cm인 사각형은 다음 그림과 같이 모양이 서로 다르다.

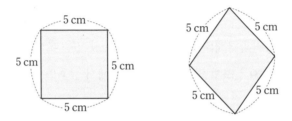

그런데 세 변의 길이가 모두 5cm인 삼각형은 오직 한 가지 모양뿐이다.

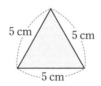

이것이 바로 삼각형의 결정 조건을 낳게 하는 삼각형만의 독특함이다. 이로써 적당한 세 변의 길이가 주어지면 삼각형의 모양과 크기는 딱 하나로 결정된다는 것을 알 수 있다.

하지만 세 내각의 크기 ∠A, ∠B, ∠C를 이용하여 그릴 수 있는 삼각형은 다음 그림과 같이 무수히 많다.

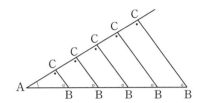

그래서 삼각형의 모양과 크기를 하나로 결정하기 위해서는 갖춰야 할 조건이 필요하다. 그 조건의 이름이 '삼각형의 결정 조건'이고, 그것은 삼각형의 작도를 통하여 다음과 같다는 것을 알 수 있다.

- 세 변의 길이가 주어질 때
- 두 변의 길이와 그 끼인각이 주어질 때
- 한 변의 길이와 양 끝 각이 주어질 때

이 같은 조건을 만족할 때 삼각형의 모양과 크기는 하나로 결정된다.

참고로 다음 그림과 같이 적당한 네 변의 길이 a, b, c, d가 주어졌을 때 그릴 수 있는 사각형은 다양하다. 따라서 사각형을 결정하는 조건, 즉 사각형의 결정 조건은 따로 다루지 않는 것이다.

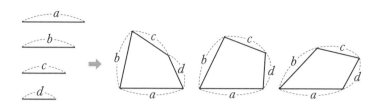

교과 삼각형의 합동 조건

완벽하게 포개진 것의 이름이 '합동'이다. 예를 들어 왼손 바닥 위에 오른손을 얹어 보면 엄지는 엄지끼리 약지는 약지끼리 완벽하게 포개진다. 이처럼 모양과 크기가 서로 같으면 무엇이든 포갤 수 있다. 이 '포개지다'의 개념과 함께 생각해 볼 수 있는 것이 합동이다.

한 도형 A를 모양이나 크기를 바꾸지 않고 옮겨서 다른 도형 B로 완전히 포갤 수 있는 두 도형 A, B를 서로 합동이라 하고, 기호로는 A≡B와 같이 나타낸다. 이를테면 △ABC와 △DEF가 서로 합동이면 △ABC≡△DEF와 같이 나타내는 것이다.

합동인 두 도형에서 서로 포개지는 꼭짓점과 꼭짓점, 변과 변, 각과 각은 서로 대응한다고 하고 대응하는 꼭짓점, 변, 각을 각각 대응점, 대응변, 대응각이라고 한다.

예를 들어 서로 포개진 왼손 엄지와 오른손 엄지가 서로 대응하고, 왼손 약지와 오른손 약지가 서로 대응한다.

우린 가끔 왼손과 오른손이 짝짝이가 아닌지 궁금할 때가 있다. 이럴 때 두 손을 포개어 봐서 만약 어느 한 손가락이 길거나 짧아서 서로 포개지지 않으면 두 손은 짝짝이일 것이고 완전히 포개지면 합동이므로 두 손은 짝짝이가 아니다.

이처럼 어떤 것들이 합동인지 아닌지는 서로 포개어 보면 알 수 있다. 하지만 삼각형의 경우 굳이 포개어 보지 않더라도 두 삼각형이 합동인지 아닌지를 알아낼 수 있는 방법이 있는데 그것의 이름이 삼각형의 합동조건이다. 두 삼각형이 다음과 같은 조건을 갖추기만 하면 포개 볼 필요 없이 합동임을 알 수 있다.

• 대응하는 세 변의 길이가 각각 같을 때(SSS합동)

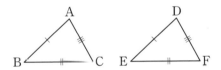

• 대응하는 두 변의 길이가 각각 같고, 그 끼인각의 크기가 같을 때(SAS합동)

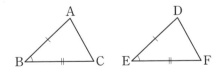

• 대응하는 한 변의 길이가 같고, 그 양 끝 각의 크기가 각각 같을 때(ASA합동)

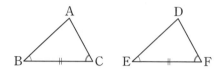

한마디로 말해서 포개어 보지 않고도 2개의 삼각형이 합동인지 아닌지를 알게 하는 것이 바로 삼각형의 합동 조건이다. 참고로 SSS합동, SAS합동, ASA합동에서 S는 Side변의 처음 글자이고, A는 Angle각의 처음 글자이다.

 삼각형이 되는 조건을 알면, 아하 그렇구나!

학교에서 생강네 집까지의 거리는 3km이다. 생강네 집에서 녀석의 단골 만홧가게까지의 거리는 2km이다. 이때 "학교에서 만홧가게까지의 거리는?" 하고 물으니 고래가 당당히 5km라고 대답했다. 어떻게 5km라는 답이 나왔을까?

고래는 〈그림 1〉처럼 생강네 집과 만홧가게를 일직선에 두고 생각했기 때문이다. 하지만 좀 더 머리를 굴려 보면 〈그림 2〉나 〈그림 3〉처럼 만홧가게의 위치에 따라 다양한 거리가 질문에 대한 답으로 제시될 수 있음을 알 수 있다. 이 중에서 학교와 생강네 집, 그리고 만홧가게의 위치가 〈그림 3〉처럼 삼각형 모양을 이루면 학교에서 만홧가게까지의 거리 x는 참으로 다양해진다.

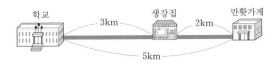

그림 1 학교에서 만홧가게까지의 거리는 5km

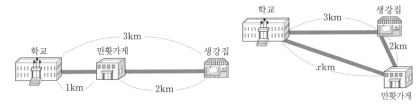

그림 2 학교에서 만홧가게까지의 거리는 1km   그림 3 학교에서 만홧가게까지의 거리는 $x$km

　삼각형에서는 가장 긴 선분의 길이가 나머지 두 선분의 길이의 합보다 작아야 하므로 가장 긴 선분의 길이가 x일 때 $x < 3+2$이고, 가장 긴 선분의 길이가 3km일 때 $x+2 > 3$이다. 즉 $x < 3+2$이고 $x+2 > 3$이므로 $1 < x < 5$이어야 한다. 따라서 학교에서 만홧가게까지의 거리는 1km보다 길고 5km보다는 짧다. 하지만 학교와 생강네 집 그리고 만홧가게가 일직선일 때도 있으므로 학교에서 만홧가게까지의 거리는 $1 \leq x \leq 5$가 된다.

　참 재미있다. 익숙한 생각에 매이지 않고 유연한 사고를 했더니 수학이 흥미진진해진다. 고정관념을 버리는 연습을 좀 더 해보자.

융합 지붕이 삼각형 모양인 이유

삼각형은 세 변의 길이가 정해지면 그 모양과 크기가 오로지 하나로 결정된다. 이것이 삼각형의 결정 조건이다. 이 결정 조건에 따르면 세 변의 길이가 주어진 삼각형의 모양은 단 하나뿐이다. 따라서 삼각형은 한 번 만들어지면 이런 저런 모양으로 변하지 않고 고정적이어서 아주 단단하다는 특징이 있다.

세 변의 길이가 3, 4, 5인 삼각형은 나 하나뿐이야. 그래서 난 단단해.

이때 모양이 변하지 않고 고정적이라는 데 주목하면 비가 오거나 강한 바람이 불어도 끄떡없어야 할 지붕이나 행글라이더의 모양이 떠오를 것이다. 이것들의 모양은 대부분 삼각형이다. 세 변의 길이만 정해지면 모양과 크기가 딱 하나로 결정되는 삼각형 말이다.

그러니까 지붕이나 행글라이더의 모양이 삼각형인 이유는 삼각형의 결정 조건으로 인해 강한 바람에도 흔들리지 않고 단단하다는 데 있다. 이 같은 경우는 사각형과 비교하면 금세 이해할 수 있다.

네 변이 있는 사각형은 삼각형과 달리 네 변의 길이가 정해져도 하나의 사각형으로 결정되는 것이 아니라 여러 모양의 사각형이 만들어진다.
이 말은 다음 그림처럼 이리저리 모양이 바뀐다는 것이다.

우린 네 변의 길이가
각각 같은 사각형이지만
모양은 여러 가지야.
그 만큼 헐렁하지.

이처럼 자유자재로 움직여 다양한 모양으로 변할 수 있는 사각형
은 무엇보다 단단하게 고정되지 않아 힘을 받지 못한다. 그렇기 때문
에 이와 같은 사각형 모양으로 집을 지었다가는 『아기 돼지 삼형제』라
는 동화에서 가장 큰형이 지은 지푸라기 집처럼 바람에 쓰러지기 십상
일 것이다.

 융합 **삼각형 모양이 진짜 단단한지 직접 확인해 봐**

두꺼운 종이 띠 7개와 압정 7개면 준비 끝. 먼저 3개의 선분을 이용하
여 다음 그림처럼 압정으로 고정해 삼각형을 만든다.

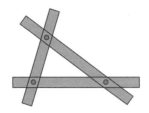

　지금부터 만들어진 삼각형을 잘 관찰해 보자.

　우선 한 꼭짓점을 누른 상태에서 선분을 움직여 보라. 어떤 변화가 일어나는가? 전혀 미동이 없다. 이처럼 삼각형은 세 변의 길이가 정해짐과 동시에 그 모양이 하나로 결정되므로 전혀 흔들림이 없다.

　하지만 다음 그림처럼 4개의 선분을 이용하여 압정으로 고정시켜 사각형을 만들어 보라. 그리고 한 꼭짓점을 누른 상태에서 선분을 움직여 보라. 그러면 이리저리 밀리면서 다양한 모양의 사각형 모양이 만들어진다는 것을 알 수 있을 것이다. 이처럼 사각형은 네 변의 길이가 정해져도 모양이 하나로 결정되지 않고 여러 가지로 바뀐다.

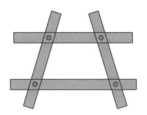

이 같은 실험을 통해서 다음과 같은 결론을 얻을 수 있다.

첫째, 삼각형은 세 변의 길이가 정해지면 그 모양과 크기가 하나로 결정된다. 즉 결정 조건이 있다.

둘째, 사각형은 네 변의 길이가 정해져도 그 모양과 크기가 하나로 결정되지 않는다. 즉 결정 조건이 없다.

 용합 카메라를 고정시키는 다리가 삼각대인 이유

영화 〈스타워즈〉에 나오는 우주선을 기억하는가? 아니, 좀 더 정확하게 말해서 우주선이 공중에 멈출 때마다 우주선 바닥에서 나오는 다리 3개를 기억하는지 모르겠다. 다리가 3개인 것은 〈스타워즈〉의 우주선뿐만이 아니다.

어린이용 자전거의 바퀴라든가, 진공청소기의 바퀴, 비행기의 바퀴 달린 다리도 모두 3개이다. 또 사진기나 기관총 또는 실험 기구 따위를 얹어 놓는 받침대도 대부분 다리가 3개이다.

왜 하필 3개일까? 세 발보다는 네 발이 더 안정적일 것 같은데 말이다. 물론 완전하게 수평을 이뤄 거울처럼 평평한 바닥이라면 다리가 많을수록 안정적일 수 있다. 하지만 바닥은 어느 정도 굴곡이 있기 마련이고, 이때는 다리가 3개인 것이 가장 안정적이다.

그 이유는 수학적으로 아주 간단하다.

삼각대의 세 발이 닿은 지점을 점으로 생각하면 삼각대는 한 직선 위에 있지 않는 세 점이 있다. 이 세 점은 단 하나의 평면만을 결정한다. 다시 말해서 이 세 점이 만든 평면은 딱 하나뿐이라는 것이다. 한 직선 위에 있지 않는 세 점이 하나의 평면을 결정한다는 것은 평면 결정 조건 중의 하나이다. 이것 때문에 삼각대는 어디에 어떻게 놓든지 간에 하나의 평면을 만들어 받치고자 하는 물건을 안정적으로 받칠 수 있다. 등산로처럼 울퉁불퉁한 바닥이나 운동장 같은 곳에도 삼각대를 세울 수 있는 이유가 바로 여기에 있다.

또 세 발 중에 어느 하나가 짧거나 길더라도 그것들은 모두 그 끝 세 점이 바닥에 닿아 그 자체로 하나의 평면을 만들 수 있기 때문에 한쪽으로 기울어질지언정 쉽게 넘어지거나 덜거덕거리지는 않는다. 이런 이유로 받침대는 주로 3개의 다리를 가지게 되는 것이다.

결정 조건! 모여~

평면의 결정 조건, 삼각형의 결정 조건, 직선의 결정 조건에서 결정 조건이라는 것이 무엇을 의미하는 것일까?

간단한 예를 들어보자.

세상에 수학 교사는 많다. 하지만 『친절한 수학 교과서』를 쓴 수학 교사는 꼼지샘 딱 한 사람이다. 이처럼 어떤 조건이 주어졌을 때 딱 하나로 결정짓게 하는 조건을 '결정 조건'이라고 한다. 따라서 꼼지샘을 결정짓게 하는 결정 조건은 『친절한 수학 교과서』의 저자이다.

수학에서 말하는 직선, 평면, 삼각형의 결정 조건도 같은 개념이다. 그것들에 대해 꼼꼼하게 살펴보자.

한 점을 지나는 직선은 무수히 많다. 하지만 서로 다른 두 점을 지나는 직선은 딱 1개다. 따라서 서로 다른 두 점은 오직 하나의 직선을 결정한다. 즉 직선의 결정 조건은 '서로 다른 두 점'이다.

두 점을 지나는 평면은 무수히 많다. 하지만 한 직선 위에 있지 않는 세 점을 지나는 평면은 딱 1개다. 따라서 한 직선 위에 있지 않는 세 점은 오직 하나의 평면을 결정한다.

참고로 한 평면을 결정하는 조건은 다음과 같다.

- 한 직선 위에 있지 않는 세 점
- 한 직선과 그 위에 있지 않은 한 점
- 서로 만나는 두 직선
- 평행한 두 직선

세 내각의 크기가 30°, 60°, 90°인 삼각형은 무수히 많다. 하지만 세 변의 길이가 a, b, c인 삼각형은 딱 1개다. 따라서 주어진 세 변의 길이는 오직 하나의 삼각형을 결정한다. 앞서 얘기했듯이 삼각형의 결정 조건은 다음과 같다.

- 세 변의 길이가 주어질 때
- 두 변의 길이와 그 끼인각의 크기가 주어질 때
- 한 변의 길이와 양 끝 각의 크기가 주어질 때

평면도형과
입체도형

(가로의 길이)×(세로의 길이)

∠A+∠B+∠C=?

대각선의 개수는 n(n-3)개

평면도형과 입체도형

 교과 **삼각형, 사각형, 오각형 등은 모두 다각형이다**

삼각형, 사각형, 오각형, 원, 부채꼴처럼 한 평면 위에 나타낼 수 있는 도형을 통틀어 '평면도형'이라고 하고, 평면도형 중에서 삼각형, 사각형, 오각형, …과 같이 3개 이상의 선분으로 둘러싸인 도형을 통틀어 '다각형'이라고 한다.

이때 3개의 선분으로 둘러싸인 다각형의 이름은 삼각형이고, 4개의 선분으로 둘러싸인 다각형의 이름은 사각형, 또 n개의 선분으로 둘러싸인 다각형의 이름은 n각형이다.

이때 다각형을 이루는 각 선분을 '다각형의 변', 각 변의 끝점을 '다각형의 꼭짓점'이라고 하는데 삼각형은 3개의 각과 3개의 꼭짓점, 3개의 변이 있고, n각형은 n개의 각과 n개의 꼭짓점, n개의 변이 있다.

특히 다각형에서 이웃하는 두 변으로 이루어진 내부의 각을 그 다각형의 '내각'이라고 하고, 한 내각의 꼭짓점에서 한 변과 그 변에 이웃한 변의 연장선으로 이루어진 각을 그 내각의 '외각'이라고 한다. 이때 다각형의 한 내각에 대한 외각은 그림에서처럼 2개가 있으나 이 둘은 그 크기가 서로 같으므로 하나만 생각하기로 한다.

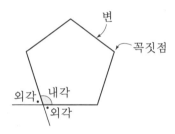

교과 정삼각형, 정사각형, 정오각형 등은 모두 정다각형이다

다각형 중에서 정삼각형, 정사각형, 정오각형처럼 모든 변의 길이가 같고 모든 내각의 크기가 같은 특별한 다각형을 '정다각형'이라 한다. 이처럼 정다각형이 되려면 변이면 변, 각이면 각 모두 같아야 하는데 정삼각형은 좀 특별한 데가 있다. 삼각형은 세 변의 길이가 모두 같으면 저절로 세 각의 크기가 모두 같게 되고, 또 세 각의 크기가 모두 같으면 세 변의 길이는 무조건 같게 되는 특징이 있기 때문이다. 이 같은 특징이 바로 앞서 얘기한 삼각형만의 단단함과 안정성을 가져다 준다.

어쨌든 세 변의 길이가 같은 삼각형이나 세 각의 크기가 같은 삼각형은 모두 정삼각형이다. 하지만 정의는 정확하게 한 가지로 정해야 하므로 정삼각형의 정의는 '세 변의 길이가 모두 같은 삼각형'으로 정해 둔다.

한편 사각형은 삼각형의 경우와는 다르다. 사각형은 네 변의 길이가 같다고 해서 네 각의 크기가 저절로 같아지지는 않기 때문이다. 그래서 정사각형이 되기 위해서는 네 변의 길이뿐만 아니라 네 각의 크기까지 모두 같아야 한다. 만약 네 변의 길이만 같게 되면 그 사각형은 정사각형이 아닌 마름모가 되고, 또 네 각의 크기만 같게 되면 그 사각형은 정사각형이 아닌 직사각형이 된다. 따라서 정사각형의 정의는 '네 변의 길이가 모두 같고 네 각의 크기가 모두 같은 사각형'으로 정해 둔 것이다.

참고로 정삼각형, 정사각형, 정오각형은 변의 개수에 따라 붙어진 이름으로 정다각형 중에서 변의 개수가 3개이면 정삼각형이고, 4개이면 정사각형이고, 5개이면 정오각형이다.

변의 길이가 모두 같은
사각형-마름모

내각의 크기가 모두 같은
사각형-직사각형

변의 길이가 모두 같은
오각형-따로 정해진 이름은 없다.

변의 길이가 모두 같은
삼각형-정삼각형

내각의 크기가 모두 같은
삼각형-정삼각형

 칠교놀이를 즐기며 사고력을 키워 봐

어른 아이 할 것 없이 뇌 운동에 좋은 놀이가 있다. 바로 칠교놀이다.

칠교놀이란 정사각형 나무판을 다음 그림과 같이 크고 작은 직각이등변삼각형 5개, 그리고 정사각형 1개, 평행사변형 1개로 잘라내어 그 7개의 조각으로 여러 모양을 만드는 놀이다.

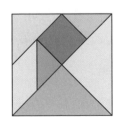

평행사변형, 직사각형, 사다리꼴과 같은 도형은 물론이고 인물, 동물, 사물 등 독창적인 여러 가지 모양을 만들 수 있어 사고력과 상상력을 키우는 데 큰 도움이 된다.

칠교놀이는 예로부터 때와 장소에 구애를 받지 않고 남녀노소 누구나 즐겼던 우리나라 민속놀이였다. 그 당시 칠교판은 기다리는 손님의 지루함을 달래 주는 오락기라는 뜻에서 '유객판留客板'이라고도 불렸고, 또 갖가지 모양을 만들기 위해서는 지혜를 짜내야 한다는 뜻에서 '지혜판'이라 불리기도 했다.

칠교놀이는 약 5,000년 전 중국에서 비롯된 것으로 알려져 있는데, 예로부터 두뇌를 발달시키는 최고의 놀이로 여겼다. 우리나라에서도 칠교놀이의 방법을 그림으로 해석한 조선시대 책 『칠교해』를 보면 오래전부터 이 놀이를 즐겼음을 알 수 있다.

유럽이나 미국에서 칠교판 놀이의 이름은 '탱그램tangram'이다. 나폴레옹은 황제 자리에서 쫓겨나 세인트헬레나 섬에서 유배 생활을 할 때 외로움과 고통을 이 탱그램으로 달랬다고 한다. 그리고 보면 서양 사람들도 칠교놀이를 꽤나 즐겼던 모양이다.

참고로 서울 지하철 김포공항역의 한 벽면을 보면 칠교판을 이용하여 디자인한 작품들을 상당수 감상할 수 있다. 어쨌든 정해진 7개의 도형으로 다양한 모양을 창작할 수 있게 하는 것은 상상력과 사고력, 조직력 등을 기르는 데 매우 도움이 된다.

교과 대각선의 개수를 구하는 공식을 만들어 봐

다음 그림과 같이 다각형에서 이웃하지 않는 두 꼭짓점을 이은 선분을 다각형의 대각선이라고 한다.

이처럼 육각형의 한 꼭짓점에서 그을 수 있는 대각선의 개수는 3개이다. 이때 각 꼭짓점에서 자기 자신과 이웃하는 두 꼭짓점에는 대각선을 그을 수 없기 때문에 n각형일 경우 n개의 꼭짓점의 개수에서 3개를 제외한 개수, 즉 $(n-3)$개가 한 꼭짓점에서 그을 수 있는 대각선의 개수가 된다. 이때 n각형의 경우 n개의 꼭짓점이 있고, 그 꼭짓점마다 $(n-3)$개의 대각선을 그을 수 있으므로 n각형에서 그을 수 있는 대각선의 개수는 $n(n-3)$개라는 것을 알 수 있다.

하지만 다음 그림과 같이 꼭짓점 A에서 꼭짓점 B를 잇는 대각선이나 꼭짓점 B에서 꼭짓점 A를 잇는 대각선이 같게 되어 서로 중복된다.

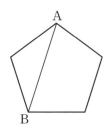

　즉 점 A에서 점 B로 이으나 점 B에서 점 A로 이으나 같으므로 둘이 하나라는 것이다. 이처럼 둘로 계산했던 것을 다시 하나로 계산하기 위해서는 2로 나누어 주면 되므로 n각형에서 그을 수 있는 대각선의 총 개수는 $\dfrac{n(n-3)}{2}$이다.

　이때 주의할 점은 $n \geq 4$이어야 한다. 즉 사각형 이상 일 때 대각선을 그을 수 있다는 것이다.

다각형 이름 (변의 개수)	4	5	6	7	…	n
한 꼭짓점에서 그을 수 있는 대각선 수	1	2	3	4	…	$n-3$
규칙을 찾자	$\dfrac{4 \times 1}{2}$	$\dfrac{5 \times 2}{2}$	$\dfrac{6 \times 3}{2}$	$\dfrac{7 \times 4}{2}$		$\dfrac{n \times (n-3)}{2}$

불변의 진리! 삼각형 내각의 크기 합은 180°이다

 사각형, 오각형, 육각형 등과 같은 다각형은 삼각형으로 쪼갤 수 있다. 다음 그림처럼 말이다. 다각형에서 이웃하지 않는 두 꼭짓점을 이어 대각선을 그으면 모든 다각형은 삼각형으로 쪼갤 수 있다.

 이는 삼각형을 이어 붙이면 다른 모든 다각형을 만들 수 있다는 말과도 같다. 이런 이유를 들어 삼각형을 도형의 기본이라고 말한다. 자연수의 기본이 소수인 것처럼 말이다. 참고로 다각형이 될 수 있는 최소의 변의 개수는 3개이다. 따라서 일각형, 이각형은 있을 수 없고 변의 개수가 가장 적은 다각형은 삼각형이다.

 다각형의 기본인 삼각형의 세 내각의 크기의 합은 180°이다. 아무리 못생긴 삼각형이라 하더라도 그 내각의 합은 언제나 180°이다. 뾰족한 삼각형이든 반듯한 삼각형이든지 간에 말이다. 삼각형의 세 내각의 크기의 합이 180°라는 사실은 이 세상의 모든 것이 변하더라도 결코 변하지 않는 절대 진리이다.

 이 같은 절대 진리를 증명하는 방법은 직관적인 방법부터 논리적인 방법까지 아주 다양하다. 모든 방법이 그다지 어렵지 않으므로 한번 머리를 굴려 보자.

첫째, 각도기를 이용하여 직접 재서 합해 보면 삼각형 세 내각의 크기의 합이 180°임을 알 수 있다.

둘째, 다음 그림처럼 삼각형을 세 조각으로 나누어 세 내각이 직선 위의 한 점 P에 모이도록 하면 일직선으로 평각 180°가 됨을 알 수 있다.

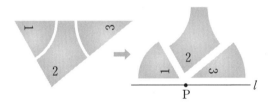

셋째, 각 꼭짓점을 접어서 한곳에 모아 보면 180°임을 알 수 있다.

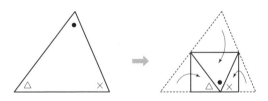

넷째, 평행선의 성질을 이용하여 다음과 같이 논리적인 방법으로 증명할 수 있다.

다음 그림과 같이 △ABC에서 변 BC의 연장선 위에 점 E를 잡고, 점 C에서 변 AB에 평행한 직선 CD를 그으면 $\overline{AB}\,/\!/\,\overline{CD}$이다.

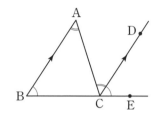

∠A＝∠ACD(엇각), ∠B＝∠DCE(동위각)

따라서 ∠A＋∠B＋∠C＝∠ACD＋∠DCE＋∠C＝180°이다.

즉 삼각형 세 내각의 크기의 합은 180°임을 알 수 있다.

이때 덤으로 ∠A＋∠B＝∠ACD＋∠DCE＝∠ACE이므로 한 외각의 크기는 그와 이웃하지 않는 두 내각의 크기의 합과 같음을 알 수 있다.

결론적으로 삼각형의 세 내각의 크기의 합은 180°이고, 삼각형의 한 외각의 크기는 그와 이웃하지 않는 두 내각의 크기의 합과 같다.

 교과 다각형의 내각의 크기의 합

삼각형 내각 크기의 합은 180°이다. 이 같은 사실을 이용하면 다른 다각형의 내각의 합도 구할 수 있다.

어떻게 구하느냐고? 간단하다. 다음 그림처럼 다각형을 삼각형으로 쪼개기만 하면 되니까 말이다.

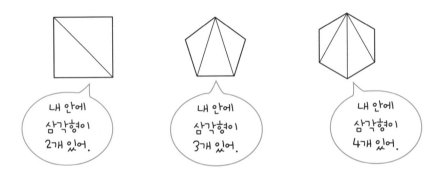

이렇게 쪼갠 뒤 삼각형의 개수를 세어서 그 개수에 180°만 곱해 주면 된다. 예를 들어 사각형은 삼각형의 개수가 2개이므로 사각형의 내각의 크기 합은 $2 \times 180 = 360°$이고, 오각형은 삼각형의 개수가 3개이므로 오각형의 내각의 크기 합은 $3 \times 180 = 540°$가 되는 식으로 말이다.

이와 같은 방법으로 생각하면 n각형은 $(n-2)$개의 삼각형으로 쪼갤 수 있고, 따라서 n각형의 내각의 크기의 합은 $(n-2) \times 180°$임을 알 수 있다.

이것을 표로 정리하면 다음과 같다.

도형					...
도형 이름	삼각형	사각형	오각형	육각형	n각형
꼭짓점 개수	3	4	5	6	n
규칙을 찾자 나누어지는 삼각형 개수	1	2	3	4	$(n-2)$
규칙을 찾자 내각의 크기 합	$1 \times 180°$	$2 \times 180°$	$3 \times 180°$	$4 \times 180°$	$(n-2) \times 180°$

교과 원과 부채꼴

 평면도형을 크게 둘로 나누면? 다각형과 원으로 나눌 수 있다.
'원'이란 평면 위의 한 점 O에서 일정한 거리에 있는 점들로 이루어진 도형의 이름이다. 이때 한 점 O가 원의 중심이고, 원의 중심과 원 위의 한 점을 잇는 선분의 이름은 원의 '반지름'이다. 특히 중심이 O인 원의 이름을 원 O라고 한다.

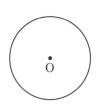

부채꼴은 다음 그림과 같은 원 O에서 태어난다.

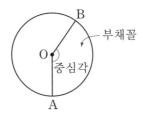

원 O에서 두 반지름 OA, OB와 호 AB로 이루어진 부채 모양의 도형 이름을 '부채꼴'이라 하고, 이것을 부채꼴 AOB라고 부른다. 이때 두 반지름 OA, OB가 이루는 ∠AOB를 부채꼴 AOB의 중심각 또는 호 AB에 대한 중심각이라 부른다.

중심각의 크기에 따라 부채꼴의 크기가 결정되기 때문에 중심각은 부채꼴의 얼굴이라고 할 수 있다. 이때 만약 부채꼴의 중심각의 크기가 360°가 되면 부채꼴은 '원'이 된다. 따라서 원의 중심각은 360°이다.

부채꼴에서 중심각이 커지면 호의 길이도 길어진다. 또 부채꼴의 중심각이 커지면 부채꼴의 넓이도 늘어난다. 좀 더 정확하게 말하면 한 원에서 부채꼴의 호의 길이와 넓이는 각각 중심각의 크기에 정비례한다.

호의 길이와 넓이가 늘어난다.

부채꼴의 중심각이 커지면

이를테면 한 원에서 중심각의 크기가 30°일 때 부채꼴의 호의 길이가 3cm이고 부채꼴의 넓이가 9cm²이면, 중심각의 크기가 60°일 때 부채꼴의 호의 길이와 넓이는 각각 그것의 2배인 6cm, 18cm²가 된다는 식이다.

부채꼴의 호의 길이와 부채꼴의 넓이는 부채꼴의 중심각의 크기에 따라 정비례한다는 것을 꼭 기억해 두기 바란다. 하지만 부채꼴의 현의 길이는 부채꼴의 중심각의 크기에 정비례하지 않는다.

교과 평면도형에서 넓이의 모든 것

공책이나 책의 크기를 가늠하여 말할 때 가끔 손가락으로 직사각형 모양을 그려 보이며 "이 정도 크기일 거야"라고 말할 때가 있다. 이처럼 공책의 크기를 직사각형으로 표현한 것은 공책이 갖고 있는 부피는 무시하고 그저 평면의 크기만을 생각했기 때문이다. 이 같은 평면의 크기가 바로 도형의 넓이다.

넓이를 구하는 방법은 도형의 모양에 따라 다르지만 기준이 되는 도형은 정사각형이다. 즉 한 변의 길이가 1cm인 정사각형 넓이 1cm²를 단위 넓이로 하는 것이다.

따라서 다음 그림과 같은 직사각형의 넓이는 정사각형 6개로 나누어 3cm×2cm＝6cm²처럼 계산할 수 있으므로 직사각형의 넓이는

(가로의 길이)×(세로의 길이)임을 알 수 있다.

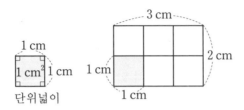

　이 같은 직사각형의 넓이를 이용하면 직사각형이 아닌 삼각형의 넓이도 구할 수 있다. 다시 말해서 단위 넓이인 정사각형의 넓이를 이용하여 직사각형의 넓이를 구하고, 또 직사각형의 넓이를 이용하여 삼각형의 넓이를, 직사각형과 삼각형의 넓이를 이용하여 다른 다각형의 넓이를 구할 수 있다는 것이다.

직사각형의 넓이로 삼각형의 넓이를 구한다

　직사각형의 넓이는 (가로의 길이)×(세로의 길이)이다. 그렇다면 삼각형의 넓이는 어떻게 구할까? 다음 그림처럼 우리는 삼각형 위에 그 삼각형의 넓이의 2배인 직사각형을 그릴 수 있다.

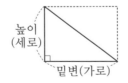

따라서 삼각형의 넓이는 그 직사각형 넓이의 절반, 즉 $\frac{1}{2}$이다. 이것을 일반화하면 다음과 같다.

> 삼각형의 넓이＝(직사각형의 넓이)÷2
> ＝(가로의 길이)×(세로의 길이)÷2
> ＝(밑변의 길이)×(높이)÷2
> ＝$\frac{1}{2}$×(밑변의 길이)×(높이)

직사각형의 넓이로 평행사변형의 넓이를 구한다

직사각형의 넓이는 (가로의 길이)×(세로의 길이)이다. 그렇다면 평행사변형의 넓이는 어떻게 구할까? 다음 그림과 같은 평행사변형에서 점선으로 표시된 부분을 오려 붙였다고 해보자. 그렇게 되면 평행사변형은 직사각형이 되기 때문에 직사각형의 넓이와 워낙에 주어진 평행사변형의 넓이는 같다.

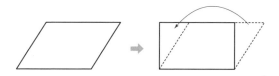

이때 평행사변형에서 직사각형의 가로에 해당하는 것을 '밑변', 세로에

해당하는 것을 '높이'라는 이름을 붙여 주면 평행사변형의 넓이는 (밑변의 길이)×(높이)가 된다.

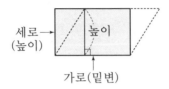

평행사변형의 넓이로 사다리꼴 넓이를 구한다

평행사변형의 넓이는 (밑변의 길이)×(높이)임을 알았다.

그렇다면 사다리꼴의 넓이는 어떻게 구할까? 다음 그림처럼 사다리꼴 2개를 이용하여 평행사변형을 만들면 사다리꼴의 넓이는 $\frac{1}{2}$×(평행사변형의 넓이)이다.

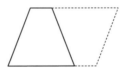

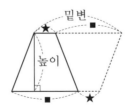

이때 위 그림처럼 사다리꼴 2개로 만든 평행사변형의 밑변의 길이는 주어진 사다리꼴의 윗변의 길이와 아랫변의 길이의 합 (★＋■)와 같으니 평행사변형의 넓이는 (밑변)×(높이)＝(윗변＋아랫변)×(높이)이다.

그런데 주어진 사다리꼴 1개의 넓이는 평행사변형 넓이의 $\frac{1}{2}$이므로 다음과 같이 구할 수 있다.

$$\text{사다리꼴의 넓이} = \frac{1}{2} \times \{(\text{윗변}) + (\text{아랫변})\} \times (\text{높이})$$

평행사변형의 넓이로 마름모 넓이를 구한다

평행사변형의 넓이는 (밑변의 길이)×(높이)이다. 그렇다면 마름모의 넓이는 어떻게 구할까? 마름모는 평행사변형이므로 마름모의 넓이는 (밑변의 길이)×(높이)이다.

하지만 밑변의 길이와 높이 대신 두 대각선의 길이가 주어질 때 마름모의 넓이는 어떻게 구할 수 있을까?

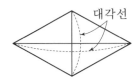

대각선

　그럴 때는 다음 그림과 같이 마름모를 두 대각선으로 잘라 합동인 삼각형을 각각 이용하여 붙여 준다. 그러면 마름모를 감싸고 있는 직사각형 ㅁㅂㅅㅇ이 만들어지고 마름모의 넓이는 직사각형 넓이의 $\frac{1}{2}$이 된다.

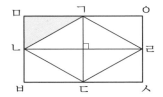

　이때 마름모 ㄱㄴㄷㄹ의 두 대각선의 길이는 직사각형 ㅁㅂㅅㅇ의 가로 또는 세로의 길이와 같음을 알 수 있다. 따라서 아래의 식이 성립한다.

마름모의 넓이

$= \frac{1}{2} \times$ (직사각형의 넓이)

$= \frac{1}{2} \times$ (가로의 길이) $\times$ (세로의 길이)

$= \frac{1}{2} \times$ (한 대각선의 길이) $\times$ (다른 한 대각선의 길이)

이처럼 모든 다각형의 넓이는 정사각형의 단위 넓이를 시작으로 직사각형과 삼각형으로 나누는 과정을 통해 구할 수 있다.

하지만 평면도형 중에는 다각형만 있는 것이 아니라 원이나 부채꼴과 같은 도형도 있다. 원이나 부채꼴 같은 평면도형의 넓이는 어떻게 구할까?

직사각형의 넓이로 원의 넓이를 구한다

우리 친구들은 이미 알고 있겠지만 원은 다음 그림처럼 오려 붙여서 생각한다. 마지막의 그림처럼 원을 한없이 잘게 잘라 붙이면 원은 직사각형에 가까워지고 이때 원에서 태어난 직사각형의 세로의 길이는 원의 반지름과 같다.

또 가로의 길이는 원주의 반이므로 (원의 넓이)=(직사각형의 넓이)=(가로)×(세로)=(원주의 $\frac{1}{2}$)×(반지름)이다. 이때 (원주)=(지름)×(원주율)이므로 원의 넓이는 다음과 같이 구할 수 있다.

$$
\begin{aligned}
\text{원의 넓이} &= (\text{지름}) \times (\text{원주율}) \times \frac{1}{2} \times (\text{반지름}) \\
&= (\text{반지름}) \times 2 \times (\text{원주율}) \times \frac{1}{2} \times (\text{반지름}) \\
&= (\text{반지름}) \times (\text{반지름}) \times (\text{원주율})
\end{aligned}
$$

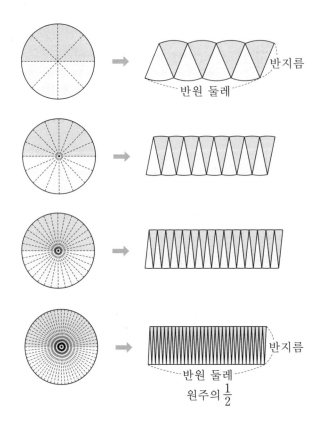

여기까지가 우리 친구들이 초등학교에서 배운 내용이다.

이때 원주율을 π, 원의 반지름을 r로 대신하면 원의 넓이는 πr^2이 된다.

참고로 원주율 π의 값은 얼마일까?

π는 수학자 루돌프 반 쾰렌이 소수점 아래 35자리까지 계산해 내어 '루돌프 수'라고도 불리는데, 3.141592…와 같이 한없이 계속되는 무한소수이다. 초등학교에서는 3.141592… 대신에 비슷한 값으로 3.14를 사용

한 것이고 중학생인 우리 친구들은 3.14가 아닌 π로 쓰기로 한다. 이때 π 는 마치 문자처럼 보이지만 원주율 3.141592…를 대신한 엄연한 수이다.

부채꼴의 둘레의 길이와 넓이

부채꼴은 원의 일부이다. 그러니까 중심각의 크기가 360°가 되는 순간 부채꼴은 원이 된다. 마치 사람이 태어나 점점 자라다가 만 19세가 되는 순간 법적인 어른이 되는 것처럼 말이다.

부채꼴의 넓이는 어떻게 구할까?

부채꼴은 원의 일부이므로 부채꼴의 넓이는 원의 넓이의 일부이 고, 부채꼴의 호의 길이는 원주의 일부이다. 이때 부채꼴의 호의 길이 와 넓이는 중심각의 크기에 정비례하므로 원의 넓이가 πr^2, 원주가 $2\pi r$, 또 중심각의 크기가 $a°$일 때 부채꼴의 호의 길이를 l, 부채꼴의 넓이를 S 라 하면 $360:2\pi r = a:l$, $360:\pi r^2 = a:S$이므로 부채꼴의 호의 길이 $l = 2\pi r \times \dfrac{a}{360}$이고 부채꼴의 넓이 $S = \pi r^2 \times \dfrac{a}{360}$가 된다.

때문에 부채꼴의 둘레의 길이와 넓이를 구하기 위해서는 반지름의 길 이와 중심각의 크기를 알아야 한다.

그런데 만약 중심각의 크기 대신 부채꼴의 호의 길이를 알고 있다면 어떻게 해야 할까?

그럴 때도 부채꼴의 넓이는 구할 수 있다. 다음 그림과 같이 중심각 대신 호의 길이 l이 주어질 때 부채꼴의 넓이는 $S=\dfrac{1}{2}rl$이다.

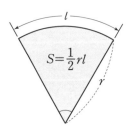

왜 그럴까? 다음 그림과 같이 반지름의 길이가 r이고 중심각의 크기가 $a°$인 부채꼴의 호의 길이 l과 부채꼴의 넓이 S는 각각 다음과 같다.

$$l=2\pi r\times\dfrac{a}{360},\ S=\pi r^2\times\dfrac{a}{360}$$

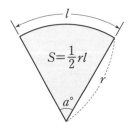

이때 $l=2\pi r\times\dfrac{a}{360}$에서 양변을 $2\pi r$로 나누면 $\dfrac{a}{360}=\dfrac{l}{2\pi r}$이므로 넓이 S는 다음과 같다.

$$S = \pi r^2 \times \frac{a}{360} = \pi r^2 \times \frac{l}{2\pi r} = \frac{1}{2}rl$$

부채꼴의 넓이 내는 공식 $S = \frac{1}{2}rl$ 은 중심각의 크기 대신 부채꼴의 호의 길이를 알고 있을 때 주로 이용된다는 사실을 기억해 두자.

 오줌싸개가 이불에 그린 지도의 넓이는?

누구나 한번쯤은 오줌으로 이불을 적신 적이 있을 것이다. 다음 그림처럼 어렸을 때 이불에 그려놓은 지도를 떠올려 보자.

이 지도의 넓이를 구할 수 있을까? 그 모양이 삼각형이거나 사각형도 아니고 그렇다고 원도 아닌 형태의 넓이 말이다. 가로, 세로가 있는 직사각형도 아니고, 반지름이 있는 원도 아니니 불가능하다고 생각할 수도 있겠지만 직사각형이나 원과 같은 모양이 아니라도 분명 넓이는 구할 수 있다.

길이도 마찬가지다. 반듯한 직선의 길이만 잴 수 있는 것이 아니라 구불구불한 등산길과 같은 곡선의 길이도 얼마든지 구할 수 있다. 하지만 곡선의 길이나 불규칙한 도형의 넓이를 구하는 일은 그리 쉽지 않다. 다음 그림과 같이 구불구불한 곡선의 길이를 잴 때는 작은 여러 개의 선분으로 잘라내어 그 작은 선분의 길이를 잰 다음 그것들을 모두 더해 줘야 하기 때문이다.

즉 (곡선 A에서 D까지의 길이)＝(곡선 A에서 B까지의 거리)＋(곡선 B에서 C까지의 거리)＋(곡선 C에서 D까지의 거리)≒$\overline{AB}+\overline{BC}+\overline{CD}$ 이다.

이와 같은 방법으로 구한 곡선의 길이는 어디까지나 대략적인 것일 뿐 직선의 길이만큼 정확할 순 없다. 하지만 선분을 아주 짧게 나눌 수만 있다면 곡선의 길이도 얼마든지 실제 길이에 근접한 값을 얻어낼 수 있다.

마찬가지 방법으로 불규칙적인 도형의 넓이도 대략적으로 구할 수 있을까?

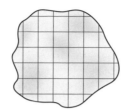

　그렇다. 위의 그림처럼 불규칙한 도형을 한 변의 길이가 1cm인 정사각형으로 나누어 보면 대략적인 정사각형의 개수를 알 수 있고, 그 정사각형의 개수가 바로 그 도형의 넓이가 된다. 이때도 물론 실제 도형의 넓이가 아닌 대략적인 넓이에 만족해야 한다.

　하지만 정사각형의 크기를 아주 작게만 할 수 있다면 실제로는 불가능하지만 머릿속으로는 얼마든지 잘게 쪼갤 수 있을 테니까 얼마든지 실제 넓이에 근접한 값을 구할 수 있을 것이다. 이것들에 대한 좀 더 깊은 이야기는 고등학교 때 미분에서 듣기로 하고 여기서는 곡선의 길이와 불규칙한 도형의 넓이를 대략적으로 구할 수 있다는 것만 이해해 두자.

교과 **다면체란?**

　삼각형, 사각형, 오각형, …… n각형 그리고 둥그런 원은 모두 평면도형이다. 그리고 뿔, 기둥, 구와 같이 공간 내에 있는 각종 도형은 모두 입체도형이다. 이런 입체도형 중에서 다음 그림과 같이 다각형인 면으로만 둘러싸인 도형을 '다면체'라고 한다.

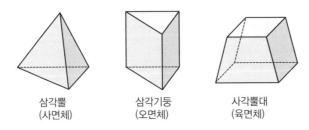

삼각뿔
(사면체)

삼각기둥
(오면체)

사각뿔대
(육면체)

　이때 다면체를 둘러싸고 있는 다각형의 면을 다면체의 면, 다각형의 변을 다면체의 모서리, 다각형의 꼭짓점을 다면체의 꼭짓점이라고 한다.

　다면체는 면의 개수에 따라서는 사면체, 오면체, 육면체 등으로 부른다. 또 생긴 모양에 따라서는 삼각뿔, 삼각기둥, 사각뿔대 등으로 부른다. 이런 다면체가 되기 위해 필요한 최소한의 면의 개수는 4개이다. 따라서 이면체, 삼면체는 있을 수 없고, 면의 개수가 가장 작은 다면체는 사면체이다.

　다면체를 생긴 모양을 기준으로 분류하면 각기둥, 각뿔, 각뿔대가 있다. 우선 각기둥은 밑면의 모양에 따라 삼각기둥, 사각기둥, 오각기둥 등으로 나눌 수 있는데, 다음 그림처럼 각기둥의 두 밑면은 합동인 다각형으로 서로 평행하고, 옆면은 모두 직사각형이라는 특징을 가지고 있다.

또 각뿔은 밑면의 모양에 따라 삼각뿔, 사각뿔, 오각뿔 등으로 나눌 수 있으며 다음 그림처럼 밑면은 다각형이고, 옆면은 모두 삼각형으로 이루어져 있다.

마지막으로 각뿔대는 각뿔을 밑면에 평행한 평면으로 잘라서 생기는 두 입체도형 중 각뿔이 아닌 쪽을 이야기힌디. 밑면의 모양에 따라 산가뿔대, 사각뿔대, 오각뿔대 등으로 나눌 수 있는데 다음 그림처럼 각뿔대의 밑면은 다각형이고, 옆면은 모두 사다리꼴이라는 특징이 있다.

입체도형				
이름	육면체, 사각기둥	오면체, 사각뿔	오면체, 삼각기둥	육면체, 사각뿔대
면의 개수	6	5	5	6
모서리 개수	12	8	9	12
꼭짓점 개수	8	5	6	8
옆면의 모양	사각형	삼각형	사각형	사다리꼴

　참고로 다면체의 이름이 면의 개수에 따라 혹은 생긴 모양에 따라 따로 구별되는 이유는 다음 그림처럼 면의 개수가 같으면서도 모양이 서로 다른 입체도형이 있기 때문이다.

　면의 개수가 많아지면 많아질수록 만들어지는 입체도형도 다양해지므로 그것들의 이름을 각각 따로 정해 줄 수 없어 두루뭉술하게라도 면의 개수에 따라 육면체, 칠면체와 같은 이름으로 불러 주는 것이다.

면의 개수(이름)	4(사면체)	5(오면체)	6(육면체)	
도형	삼각뿔	사각뿔 삼각기둥	사각기둥 육면체	오각뿔 육면체

면은 모두 6면이지만 모양은 다르다.

교과 입체도형 속에 숨은 5형제 정다면체

평면도형에 모든 변의 길이가 같고, 모든 각의 크기가 같은 정다각형이 있다면 입체도형에는 정다면체가 있다. 정다면체란 다면체 중에서 각 면이 모두 정다각형이면서 합동이고, 각 꼭짓점에 모이는 면의 개수가 모두 같은 것을 말한다.

이런 정다면체는 오로지 5가지뿐인데 그것들의 이름은 면의 개수에 따라 정사면체, 정육면체, 정팔면체, 정십이면체, 정이십면체라고 불린다.

참고로 모든 변의 길이가 같고 모든 각의 크기가 같은 정다각형은 무수히 많다. 정삼각형, 정사각형, 정오각형 등처럼 변의 개수를 늘려가기만 하면 얼마든지 그릴 수 있으니까 말이다.

    그런데 왜 정다면체는 5개뿐일까? 정다면체가 되는 조건이 까다롭기 때문이다. 정다면체가 되기 위해서는 다음과 같은 까다로운 조건을 모두 만족해야 한다.

> • 각 면이 모두 합동인 정다각형이어야 한다.
> • 한 꼭짓점에는 적어도 면이 3개 이상 모여야 한다.
> • 각 꼭짓점에 모인 면의 개수는 모두 같아야 한다.

    이 같은 조건을 모두 만족하는 정다면체는 오로지 5개뿐이라는 사실은 그저 경험으로 얻어진 것이 아니라 누구나 납득할 수 있는 논리적인 설명이 뒷받침되고 있다.

정다면체가 5개뿐인 이유

정다면체는 정말 5개뿐일까?

우리 친구들도 알다시피 정다면체는 각 면이 모두 합동인 정다각형이어야 한다. 다시 말해서 각 면의 모양이 정삼각형, 정사각형, 정오각형, 정육각형…… 중에 하나여야 하는 것이다.

첫째, 면의 모양이 정삼각형일 경우를 생각해 보자.

다음 그림처럼 삼각형이 한 꼭짓점에 3개가 모이거나 4개 혹은 5개가 모이게 할 수 있다.

모인 면의 개수가 2개 또는 6개면 왜 안 되느냐고? 우선 2개의 면이 모이면 안 되는 이유는 한 꼭짓점에 3개 이상의 면이 만나야 입체도형이 될 수 있기 때문이다. 또 만약 모인 면의 개수가 6개이면 모인 각의 크기의 합이 360°가 되므로 정다면체를 만들 수 없다. 이렇게 면의 개수가 2개나 6개인 경우를 제외하고 나니 모일 수 있는 면의 개수는 3개, 4개 혹은 5개가 된다. 한 꼭짓점에 모인 면의 개수가 3개이면 정사면체, 4개이면 정팔면체, 5개이면 정이십면체가 된다는 것을 기억해 두자.

둘째, 면의 모양이 정사각형일 경우를 생각해 보자.

다음 그림처럼 한 꼭짓점에 면이 3개 모이면 정육면체가 만들어진다. 이때도 모인 면의 개수가 4개이면 안 되는 것은 앞의 경우와 같은 이유에서다. 즉 한 내각의 크기가 90°인 정사각형이 한 꼭짓점에 4개가 모이면 모인 각의 크기의 합은 360°가 되므로 정다면체를 만들 수 없다.

셋째, 면의 모양이 정오각형일 경우를 생각해 보자.

다음 그림처럼 한 꼭짓점에 세 면을 모이게 할 수 있는데 그것의 이름은 정십이면체이다.

만약 모인 면의 수가 4개이면, 즉 한 내각의 크기가 108°인 정오각형이 한 꼭짓점에 4개가 모이므로 모인 각의 크기는 432°로 360°보다 커져 버린다. 따라서 한 꼭짓점에 모이는 정오각형 4개 이상으로는 정다면체를 만들 수 없다.

더 나아가 면이 정육각형, 정칠각형 등이라면 한 꼭짓점에 모인 면의 개수가 3개일 경우에 한 꼭짓점에 모인 각의 크기의 합은 360°이거나 360°보다 커져 버리므로 역시 정다면체를 만들 수 없다. 따라서 정다면체의 종류는 정사면체, 정육면체, 정팔면체, 정십이면체, 정이십면체의 5가지뿐이다.

정다면체 속에 숨은 신비

5개뿐인 정다면체와 한정판의 공통점은 무엇일까?

부수를 정하여 인쇄하는 책이나 운동화, 레고블록 등 한정판이라는 이름을 달고 나오는 제품에 관심이 가는 것은 희소 가치 때문이다. 대부분의 사람들이 특정 물건을 소수의 특별한 사람들만이 소유할 수 있다는 특권 의식을 누리고 싶어하는 것이다. 그래서 '~을 기념한 100개 한정판 출시'라는 메시지에 수많은 사람이 세상에 오로지 100개뿐이라는 희소성에 낚이고 만다.

희소성! 하면 떠오르는 것이 수학에도 있다.

세상에 오로지 5개뿐이라는 정다면체가 바로 그것이다. 그렇기 때문에 정다면체는 고대 그리스 시대 때부터 많은 수학자와 철학자들의 관심을 끌었다고 한다.

특히 소크라테스의 제자로 고대 그리스 최고의 철학자 플라톤은 정다면체를 수학적으로만 받아들이지 않고 철학적이고 신비주의적인 것으로 생각해서 정사면체를 불, 정육면체를 흙, 정팔면체를 공기, 정이십면체

를 물, 그리고 정십이면체는 이 네 원소를 모두 품고 있는 우주의 상징으로 생각했다고 한다. 정다면체를 우주 삼라만상을 지탱하는 근원적 힘이라고 파악한 것이다. 이런 이유로 5개의 정다면체를 '플라톤 도형'이라고 부르기도 한다.

　한편, 정다면체는 행성의 운동을 설명하는 도구로 이용되기도 했다. 17세기 독일의 천문학자 케플러도 정다면체를 이용하여 태양계의 구조를 밝히려고 애쓴 바 있다. 그는 정다면체가 5개밖에 없다는 사실은 우연이 아니라 생각하였고, 이를 통해 행성의 궤도를 설명힐 수 있나고 여겼던 것이다.

　이처럼 정다면체는 과학에 약간의 미신적인 신비까지 더해진 상태로 수학자, 철학자, 과학자 사이에서 연구되었던 것으로 유명하다.

융합 테트라포드와 정사면체

학교에는 교실이 있고, 또 교실에는 학생이 있는 것만큼이나 당연하게 항구에는 방파제가 있고, 또 그 방파제 곁에는 테트라포드가 있다. 낯선 단어라고? 다음 사진을 보자. 바다에서 곧잘 보았던 조형물이다.

이것이 바로 테트라포드이다. 테트라포드는 방파제를 거센 파도로부터 보호하는 역할을 한다. 그런데 왜 테트라포드를 굳이 정사면체 모양으로 만들었을까?

우선은 서로 엇물려 공간을 메우기가 용이한 데다 거센 파도에 굴러가더라도 모양을 그대로 유지할 뿐만 아니라 다른 다면체에 비해 무게중심이 아래에 있기 때문에 균형을 쉬이 유지할 수 있기 때문이다.

다시 말해 정사면체 모양의 테트라포드는 편리함과 안정성을 갖추고 있다. 이처럼 안정성을 이유로 그 모양을 선택한 것은 테트라포드 외에

도 삼각대나 지게의 세 다리 등 종류가 많다. 그것들은 모두 삼각형 모양
이라는 공통점이 있는데, 삼각형과 안정성에 관한 이야기는 앞에서 강조
한 내용으로 충분할 것이므로 여기서는 생략한다.

어쨌든 정사면체 모양의 테트라포드 역시 삼각형의 안정성을 바닥에
깔고 있다. 정사면체를 이루고 있는 뼈대는 삼각형이니까 말이다.

수학적인 사고! 그것 참 편리하구나

정사면체, 정육면체, 정팔면체, 정십이면체, 정이십면체와 같은 정다
면체는 면의 개수에 따라 이름이 정해져 있으므로 이름만 들으면 그것의
면의 개수는 알 수 있다.

하지만 정다면체의 꼭짓점이나 모서리의 개수는 그렇지 않다. 면의 개
수처럼 이름에서 알아낼 수 있는 정보가 아니기 때문이다. 그렇다고 일
일이 다 외울 수도 없으니…….

그러나 걱정할 필요는 없다. 정다면체의 꼭짓점, 모서리의 개수를 간
단히 알아낼 수 있는 방법이 있다. 정이십면체의 꼭짓점과 모서리의 개
수를 각각 구해 보면서 그것들의 관계도 알아보자.

우선 정이십면체는 이름에서 알 수 있듯이 면의 개수가 20개이다. 또
정이십면체를 이루고 있는 각각의 정삼각형은 꼭짓점이 3개씩이다. 20
개의 정삼각형이 각각 3개씩의 꼭짓점을 가지고 있으므로 꼭짓점의 개

수는 모두 $3 \times 20 = 60$(개)이다. 그런데 정이십면체의 꼭짓점을 잘 관찰해 보면 각 꼭짓점마다 5개의 꼭짓점이 한곳에 모여 있음을 알 수 있다. 따라서 5개의 꼭짓점이 중복되고 있으므로 5로 나누어 주면 꼭짓점의 개수는 $\dfrac{3 \times 20}{5} = 12$(개)이다.

모서리의 개수도 이와 같은 방법으로 생각해 볼 수 있다.

정이십면체를 이루고 있는 정삼각형의 모서리 개수는 3개이다. 20개의 정삼각형이 모서리를 3개씩 가지고 있으므로 정삼각형 20개의 모서리의 개수는 모두 $3 \times 20 = 60$(개)이다.

역시 정이십면체를 잘 관찰해 보면 모서리마다 2개의 모서리가 만나고 있음을 알 수 있다. 따라서 2로 나누어 주면 모서리의 개수는 $\dfrac{3 \times 20}{2}$ $= 30$(개)이다.

이처럼 정다면체의 모양이 머릿속에 그려지기만 하면 얼마든지 그것들의 꼭짓점, 모서리, 면의 개수를 생각으로 알아낼 수 있으니 따로 외워 둘 필요는 없다. 이런 사고를 바로 '수학적인 사고'라고 한다.

이같은 방법으로 정십이면체의 꼭짓점과 모서리의 개수를 각각 구해 보면 다음과 같다.

$$\text{꼭짓점의 개수는 } \frac{5 \times 12}{3} = 20\text{(개)}$$

$$\text{모서리의 개수는 } \frac{5 \times 12}{2} = 10\text{(개)}$$

다면체의 꼭짓점, 모서리, 면의 개수 사이의 관계는?

다음 그림과 같은 다면체는 면의 개수가 모두 6개인 육면체이다.

하지만 꼭짓점 개수와 모서리 개수는 각각 다르다. 이때 면의 개수, 꼭짓점 개수, 모서리 개수 사이에는 서로 어떤 관계가 있는지 알아보자.

참고로 다면체의 꼭짓점은 영어로 vertex, 모서리는 edge, 면은 face이 므로 그것들의 머리글자를 따서 꼭짓점 개수는 v, 모서리의 개수는 e, 면의 개수는 f라고 적는다.

다면체				...
꼭짓점의 개수(v)	8	6	5	·
모서리의 개수(e)	12	10	9	·
면의 개수(f)	6	6	6	·
$v-e+f$	2	2	2	2

위의 표에서 (꼭짓점의 개수)−(모서리의 개수)+(면의 개수)=2임을 알 수 있다. 따라서 $v-e+f=2$이다.

이와 같은 관계식은 18세기 스위스의 수학자 오일러가 발견했기 때문에 그의 이름을 따서 '오일러의 공식'이라고 부른다.

이 등식이 육면체에서만 성립되는 것은 아니다. 다음 그림처럼 찢거나 구멍을 내지 않고 구를 이용하여 만들 수 있는 다면체는 모두 오일러의 공식 $v-e+f=2$가 성립한다.

다면체				
꼭짓점의 개수(v)	4	6	6	20
모서리의 개수(e)	6	9	12	30
면의 개수(f)	4	5	8	12
$v-e+f$	2	2	2	2

이 등식 $v-e+f=2$는 다면체의 꼭짓점, 모서리, 면의 개수를 구할 때 활용할 수 있으므로 기억해 두면 여러 모로 편리하다.

 **회전체**

평면도형의 굵은 줄기는 다각형과 원이고, 입체도형의 굵은 줄기는 다면체와 회전체다. 다면체 속에는 다각형이 있고, 회전체 속에는 원이 있다.

이것을 염두에 두고 회전체에 대해서 알아보자.

다음 그림과 같이 한 직선을 축으로 하여 평면도형을 한 바퀴 돌릴 때 생기는 입체도형을 '회전체'라고 한다. 이때 직선의 이름은 '회전축'이다.

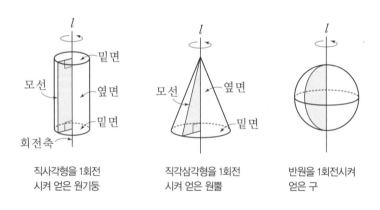

직사각형을 1회전 시켜 얻은 원기둥   직각삼각형을 1회전 시켜 얻은 원뿔   반원을 1회전시켜 얻은 구

원뿔을 그 밑면에 평행한 평면으로 자를 때 생기는 두 입체도형 중에서 원뿔이 아닌 입체도형을 원뿔대라고 한다. 원뿔대는 다음 그림과 같이 사다리꼴을 1회전시킬 때 생기는 회전체이기도 하다.

사다리꼴을 1회전시키면 원뿔대

그렇다면 이런 회전체들은 어떤 성질을 가지고 있을까?

이리저리 잘랐을 때 생기는 단면의 모양에서 그들의 성질을 찾아볼 수 있다. 이때 '단면'이란 입체도형을 평면으로 자를 때 생기는 도형의 면을 말한다.

우선 원기둥, 원뿔, 구를 회전축에 수직인 평면으로 자를 때 생기는 단면은 항상 원이다. 또 원기둥, 원뿔, 구, 원뿔대를 회전축을 포함하는 평면으로 자를 때 생기는 단면은 직사각형, 이등변삼각형, 원, 등변사다리꼴이고 이들은 모두 회전축을 대칭축으로 하는 선대칭노형이다. 이때 한 회전체에서 생기는 단면들은 모두 합동이다.

참고로 '선대칭도형'이라는 것은 한 도형을 어떤 직선대칭축으로 접었을 때 완전히 겹쳐지는 도형을 말한다. 이런 관점에서 우리 인간의 몸은 선대칭이라고 할 수 있다.

👾 융합 축구공은 깎은 정이십면체다

"축구공은 다면체다"라는 말에 쉽게 납득할 친구들은 별로 없을 것이다. 왜냐하면 축구공은 어디까지나 굴러가는 공이고, 공은 구이며 구는 회전체이기 때문이다. 그렇다면 축구공은 회전체일까? 아니면 다면체일까? 이것에 대한 답을 찾기 위해 다음과 같이 정이십면체를 깎아 보자.

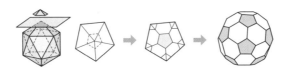

정이십면체의 꼭짓점은 모두 12개다. 위의 그림처럼 12개의 꼭짓점에서 $\frac{1}{3}$지점을 서로 연결하여 잘라내면 12개의 면이 생기고 이때 생긴 면은 모두 정오각형이다. 하지만 처음 정이십면체를 이룬 면 20개의 정삼각형은 정오각형을 잘라내고 나면 정육각형으로 바뀌기 때문에 20개의 정육각형이 새로 생겨난다.

이렇게 정이십면체를 깎아서 만든 도형의 이름을 '깎은 정이십면체'라고 하는데 깎은 정이십면체는 12개의 정오각형과 20개의 정육각형으로 이루어져 있다. 이때 12개의 정오각형은 검은색 가죽으로 이어 붙이고 20개의 정육각형은 흰색 가죽으로 이어 붙이면 축구공의 뼈대가 완성된다. 그러니까 축구공의 뼈대는 '깎은 정이십면체'로 다면체이다.

축구공 속에 숨은 12°의 비밀

좀 더 꼼꼼하게 축구공의 구조에 대해서 알아보자.

5개의 정다면체 중 구에 가장 가까운 정다면체는 정십이면체이다. 정다면체별로 한 꼭짓점에 모인 내각의 크기의 합을 각각 따져 보면 정사면체는 $60° \times 3 = 180°$이고, 정육면체는 $90° \times 3 = 270°$, 정팔면체는 $60° \times 4 = 240°$, 정십이면체는 $108° \times 3 = 324°$, 정이십면체는 $60° \times 5 = 300°$이므로 구에 가장 가까운 정다면체는 정십이면체임을 알 수 있다.

여기서 우리 친구들은 정십이면체를 우주의 상징으로 생각한 플라톤의 철학을 이해할 수 있을 것이다. 플라톤은 정다면체가 5개밖에 없다는 사실에 특별한 의미를 부여하는데, 물·불·흙·공기의 4가지 원소로 이루어졌다는 것과 나머지 하나를 우주로 주장했다.

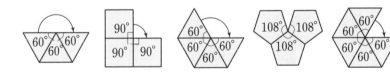

하지만 정십이면체는 어디까지나 정다면체 중에서 구에 가장 가깝다는 것이고, 이보다 좀 더 구에 가까운 것은 깎은 정이십면체이다.

깎은 정이십면체에는 1개의 꼭짓점에 1개의 정오각형과 2개의 정육각형이 규칙적으로 배열되어 있다. 그래서 한 꼭짓점에 모인 내각의 크기의 합은 $108° + 120° \times 2 = 348°$(정오각형의 한 내각의 크기는 $108°$이고, 정육각형의 한 내각의 크기는 120°)가 된다. 이 348°는 정십이면체의 내각의 합 324°보다 좀 더 360°에 가깝기 때문에 깎은 정이십면체가 정이십면체보다 더 구에 가깝다고 할 수 있다. 더구나 정오각형과 정육각형이 규칙적으로 배열되어 있기 때문에 어느 한쪽으로 기우는 일도 없어서 더욱 구에 버금간다.

하지만 348°는 구 360°가 되기에는 여전히 12°가 부족한 상태이다. 12°의 틈! 무엇으로 채울 수 있을까? 그것은 바로 공기다. 깎은 정이십면체에 공기를 주입하여서 틈 12°를 메우는 것이다. 12°의 틈을 공기로 채움과 동시에 다면체는 회전체로 둔갑한다. 따라서 축구공이 다면체인지 회전체인지에 대한 답은 12°가 쥐고 있는 셈이다.

사람의 겉넓이

넓이와 겉넓이의 차이는 무엇일까?

한마디로 말하면 평면도형과 입체도형의 차이다. 평면의 크기를 나타내는 넓이는 평면도형에서 다루고, 입체도형 겉면 전체의 넓이를 나타내는 겉넓이는 입체도형에서 다루기 때문이다.

여기서는 입체도형에서 다루는 겉넓이에 대해서 알아보기로 하자.

입체도형 하면 일반적으로 공간을 차지하는 부피를 생각하게 되지만 가끔 겉넓이를 구해 봐야 할 때가 있다. 예를 들어 나무로 만든 상자에

　페인트를 칠한다고 해보자. 이때 페인트가 얼마나 들어갈지 계산하려면 부피가 아닌 겉넓이를 알아야 한다.

　그렇다면 이런 입체도형의 겉넓이는 어떻게 구할까?

　가장 간단한 방법은 입체도형의 껍질을 벗겨서 평면에 펼치는 것이다. 그런 다음 펼쳐진 평면도형의 모양에 따라 넓이를 구하면 끝이나. 예를 들어 사과의 겉넓이를 구한다고 해보자. 우선 사과 껍질을 얇게 벗겨서 그 껍질을 평면에 펼쳐 놓으면 그 모양은 원이 되고, 그 원의 넓이가 바로 사과의 겉넓이가 된다.

　이와 같은 방법으로 우리 몸의 겉넓이도 구할 수 있다. 우리 피부를 사과 껍질처럼 벗겨낼 수는 없을 테니까 대신 우리 몸을 감쌀 수 있는 밀蜜 같은 천을 떠올려 보자. 몸에 밀 같은 천을 붙인 다음 그것을 떼어내어 평면에 펼쳐 보면 평면도형이 될 것이다.

이제 그것의 모양에 따라 불규칙적인 도형의 넓이를 구하는 방법을 사용해 보자. 앞에서 오줌으로 그린 지도의 넓이를 구하는 것처럼 사람의 대략적인 겉넓이를 구할 수 있을 것이다.

실제로 독일 예술가로 알려진 팀 울리히라는 사람은 한 변의 길이가 1cm인 정사각형 모양의 스티커를 이용하여 자신의 몸의 겉넓이를 구했다고 한다.

접착력이 좋은 스티커로 자신의 몸을 완전히 덮은 다음 몸에 붙은 스티커를 모두 떼어내어 그 스티커의 개수를 센 것이다. 이때 스티커 한 장의 겉넓이가 $1 \times 1 = 1cm^2$이므로 몸에서 떼어낸 스티커의 개수를 세기만 하면 그것이 곧 자신의 겉넓이가 된다. 팀 울리히가 자신의 몸에서 떼어낸 스티커의 개수는 18,360개였다고 하니까 그의 몸 겉넓이는 대략적으로 18360cm²임을 알 수 있다.

이처럼 사람이나 사과같이 불규칙적인 모양의 겉넓이를 구하는 것은 단순하지 않다. 하지만 여러분이 구하고자 하는 직육면체나 원기둥 같은 입체도형의 겉넓이는 이보다 훨씬 단순한 방법으로 계산할 수 있으니 걱정할 필요는 없다.

직육면체 같으면 드러난 6개의 면이 모두 직사각형이므로 직사각형 넓이를 각각 구해서 그것들을 모두 합해 주면 되고, 원기둥 같으면 2개의 밑면인 원의 넓이와 옆면인 직사각형의 넓이를 각각 구해서 합해 주면 되니까 얼마나 간단한가!

참고로 팀 울리히처럼 스티커를 직접 붙여 보지 않고 우리 몸의 대략 적인 겉넓이를 구하는 공식이 있어서 몇 개 소개한다.

사람의 겉넓이＝(사람의 키×넓적다리 둘레)×2

사람의 겉넓이＝(손바닥의 넓이×100)

사람의 겉넓이＝(사람의 키×양팔의 길이)×$\dfrac{3}{5}$

예를 들어 어떤 사람의 키가 155cm이고, 넓적다리의 둘레가 45cm라 면 그 사람의 겉넓이는 다음과 같다.

$$(\text{사람의 키}\times\text{넓적다리 둘레})\times 2 = (155\times 45)\times 2 = 13950\,\text{cm}^2$$

또 어떤 사람의 키가 155cm이고, 양팔의 길이가 153cm라면 그 사람 의 겉넓이는 다음과 같다.

$$(\text{사람의 키}\times\text{양팔의 길이})\times \dfrac{3}{5} = (155\times 153)\times \dfrac{3}{5} = 14229\,\text{cm}^2$$

하지만 이와 같은 방법으로 구한 사람의 겉넓이는 어디까지나 짐작 가 능한 대략적인 값이라는 것을 잊지 않아야 한다.

교과 입체도형의 겉넓이

입체도형의 겉넓이는 겉으로 드러난 면의 넓이의 총합이다. 그렇기 때문에 겉에 드러난 면의 모양이 사각형이냐 원이냐 삼각형이냐에 따라 겉넓이 구하는 방법이 약간씩 달라질 수 있다.

우선 사각기둥, 원기둥과 같은 기둥의 겉넓이 구하는 방법부터 알아보자.

기둥의 겉넓이는 두 밑면의 넓이와 옆면의 넓이의 합이다. 그런데 각기둥이나 원기둥에서 두 밑면은 합동이므로 두 밑면의 넓이는 서로 같다. 따라서 (기둥의 겉넓이)=(한 밑면의 넓이)×2+(옆면의 넓이)이다. 이때 기둥의 옆면은 모두 직사각형(원기둥의 옆면도 펼치면 직사각형이 된다)이므로 기둥의 옆넓이를 구하는 방법은 직사각형의 넓이 구하듯 계산하면 되지만 밑면의 모양은 기둥마다 다를 수 있으므로 밑넓이 구할 때는 조심해야 한다.

말하자면 밑면의 모양이 직사각형인 직육면체일 때는 (직육면체의 밑넓이)=(가로의 길이)×(세로의 길이)처럼 구하고, 밑면의 모양이 원인 원기둥일 때는 원기둥의 밑넓이는 πr^2, 또 밑면의 모양이 삼각형인 삼각기둥일 때는 삼각기둥의 밑넓이는 $\frac{1}{2}$×(밑변의 길이)×(높이)처럼 구해야 한다는 것이다. 이처럼 밑면의 모양이 사각형이냐 원이냐 삼각형이냐에 따라 밑넓이 구하는 방법이 달라진다.

한편, 입체도형의 겉넓이는 펼쳐서 생각해 볼 수도 있다. 이때 펼친다

는 것은 다음 그림처럼 전개도를 그린다는 것이므로 입체도형의 겉넓이
는 결국 펼친 전개도의 넓이와 같다.

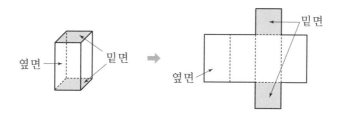

 그림처럼 사각기둥을 펼치면 합동인 2개의 밑면과 4개의 옆면이 생
긴다. 따라서 (사각기둥의 겉넓이)=(밑넓이)×2+(옆면의 넓이)이다.
이때 사각기둥의 밑면의 모양은 직사각형이므로 (사각기둥의 밑넓
이)=(가로의 길이)×(세로의 길이)이다.

 그리고 옆넓이는 작은 직사각형 4개의 합으로도 생각할 수 있지만 통
으로 생각하여 커다란 직시각형 1개의 넓이로도 생각해 볼 수 있다. 통으
로 생각할 때 가로의 길이는 밑면의 둘레의 길이와 같고, 세로의 길이는
사각기둥의 높이와 같으므로 (사각기둥의 옆넓이)=(밑면의 둘레의 길
이)×(기둥의 높이)로도 구할 수 있다.

 원기둥의 겉넓이도 마찬가지로 다음 그림과 같이 원기둥을 펼친 전개
도를 이용하면 편리하다.

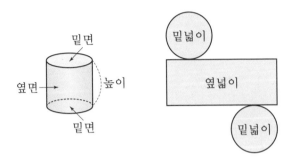

다만 원기둥의 밑면의 모양은 원이므로 밑넓이를 구할 때는 원의 넓이를 이용해야 하고, 옆면의 모양은 직사각형이므로 옆넓이를 구할 때는 직사각형의 넓이를 이용하면 된다.

즉 밑면의 반지름이 r이고, 높이가 h인 원기둥의 겉넓이는 다음과 같다.

원기둥의 겉넓이＝(밑넓이)×2＋(옆넓이)

원기둥의 밑면은 원이므로 밑넓이는 πr^2이다. 따라서 다음과 같다.

원기둥의 겉넓이＝(원의 넓이)×2＋(원주)×(높이)＝$2\pi r^2 + 2\pi rh$

하지만 입체도형의 겉넓이를 구할 때는 이 같은 공식에 의존하지 말고 머릿속으로 펼쳐서 생각해 보기를 권한다. 수학에는 워낙 많은 공식이 있는 데다 사람의 기억에는 한계가 있기 때문이다.

밑면은 반드시 밑에 있어야 하나?

밑면은 반드시 밑에 있어야 할까? 이것은 밑면이라는 이름 자체에서 생길 수 있는 오개념이니 조심해야 한다. 물건의 아래쪽이라는 '밑면'의 사전적 의미를 강조하다 보면 각기둥이나 원기둥 같은 입체도형에서도 밑면은 오로지 밑에 있는 면 하나만을 가리키는 것으로 오해하기 쉽기 때문이다.

하지만 각기둥이나 원기둥과 같은 입체도형에서 밑면은 평행이 되는 두 면으로 위, 아래에 있는 면 모두를 밑면이라고 부른다. 즉 밑에 있는 면뿐만 아니라 위에 있는 면의 이름도 밑면이라는 점이다.

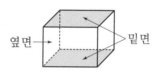

옆면→   ←밑면

그럴 수밖에 없는 것이 다음 그림처럼 밑에 있는 면 '나'를 밑면이라고 하더라도 이 기둥을 뒤집어 방향을 돌리면 도리어 '가'가 밑면이 되어 버린다.

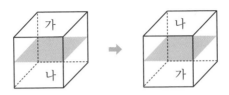

그러므로 각기둥과 원기둥처럼 위, 아래의 면이 고정적이지 않은 경우에 밑면의 구분은 그 의미를 상실한다. 따라서 밑면이라고 해서 반드시 밑에 있을 필요는 없다.

이런 이유로 서로 평행인 면이 3쌍인 직육면체는 3쌍 모두 밑면이 될 수 있다. 하지만 각뿔이나 원뿔과 같은 뿔은 뒤집어 세울 수 없으니까 꼭 짓점과 마주 보는 한 면만이 밑면이 된다.

📱 교과 입체도형의 부피 1

넓이를 가진 면이 높이만큼 차곡차곡 쌓이다 보면 부피를 갖게 되고, 부피가 생기면 입체도형이 된다. 이런 입체도형 중에서 밑면을 차곡차곡 쌓아서 만든 것이 기둥이므로 (기둥의 부피)=(밑넓이)×(높이)이다.

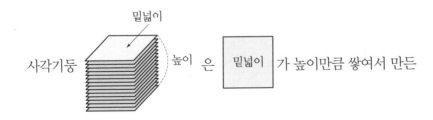

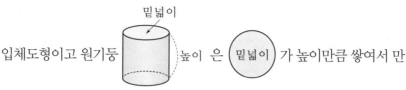

입체도형이고 원기둥 은 밑넓이 가 높이만큼 쌓여서 만

든 입체도형이다. 따라서 기둥의 부피는 밑넓이와 높이의 곱이다.

이 같은 원리를 알아두면 특별히 신경 쓰지 않아도 저절로 공식이 외워

질 것이므로 공식을 외우기 전에 원리를 알아둘 필요가 있다.

이때 사각기둥은 밑면이 직사각형이므로 밑넓이는 가로와 세로의 곱

이다. 따라서 다음과 같은 식이 성립된다.

직육면체의 부피＝(밑넓이)×(높이)＝(가로)×(세로)×(높이)

하지만 원기둥의 밑면은 원이므로 밑넓이는 (반지름)×(반지름)×(원

주율)이다.

원기둥의 부피
＝(밑넓이)×(높이)＝(반지름)×(반지름)×π×(높이)
　　　원의 넓이　　　　　　　　원의 넓이

이때 반지름의 길이를 r, 원기둥의 높이를 h라고 하면 다음과 같다.

$$\text{원기둥의 부피}=(\text{밑넓이})\times(\text{높이})=\pi r^2 \times h$$

결국 각기둥이든 원기둥이든 (기둥의 부피)＝(밑넓이)×(높이)이다. 이것은 꼭 기억해 두자.

 입체도형의 부피 2

우유 250mL, 주스 500mL와 같은 액체의 양이나 1000cm³ 건물, 라면 한 박스처럼 겉으로 드러나는 양의 크기를 재는 것이 부피이다. 입체도형에서 부피가 아주 중요한 몫을 차지하는 이유는 부피에 따라 입체도형의 크기를 가늠할 수 있기 때문이다.

그렇다고 사람의 크기를 가늠하기 위해 부피를 측정하지는 않는다. 사람은 부피 대신 키나 몸무게를 측정하는데 그 이유는 아마 사람의 몸의 부피를 측정하기가 쉽지 않아서일 것이다. 사람의 몸은 직육면체나 원기둥과는 달리 울퉁불퉁하니까 말이다.

그렇다고 사람의 부피를 측정할 수 없는 것은 아니다. 아르키메데스의 부피 측정 방법이 있다.

욕조에 물을 가득 담아 놓고 사람 몸을 물속으로 쑥 집어넣으면 당연히 물이 흘러넘친다. 그때 흘러넘치는 물의 양이 바로 그 사람의 부피가 된다. 문제는 흘러넘치는 물을 정확히 받아내야 하고, 또 그 물을 직육면체 용기에 담아 부피를 계산해야 한다는 점이다. 이처럼 밑면이 높이만큼 그대로 쌓여서 만들어진 입체가 아닐 경우 부피를 구하는 일이 상당히 복잡하다.

이것에 비하면 직육면체나 원기둥 같은 기둥의 부피 구하는 일은 얼마나 간단한가? 밑넓이를 구해서 높이만 곱해 주면 되니까 말이다. 밑면을 그대로 쌓아서 만들어진 기둥과 달리 뿔이나 구의 부피를 구하는 방법은 좀 색다르다.

사각뿔 모양의 그릇에 물을 가득 채워 사각뿔의 밑면과 높이가 사각기둥 모양의 그릇에 부어 보면 사각기둥의 $\frac{1}{3}$만큼 채워진다. 즉 사각뿔의 부피는 밑면이 합동이고 높이가 같은 사각기둥의 부피의 약 $\frac{1}{3}$이 되는 것이다. 따라서 다음과 같다.

$$뿔의 \ 부피 = \frac{1}{3} \times (기둥의 \ 부피) - \frac{1}{3} \times (밑면의 \ 높이) \times (높이)$$

또 구의 부피를 구할 때는 사람의 부피를 구할 때처럼 원기둥 모양의 그릇에 물을 가득 채워 넣고 구 모양의 공을 원기둥 모양의 그릇 안에 쏘옥 집어넣었다가 꺼내도록 한다. 이때 흘러넘치는 물의 양이 구의 부피이다. 만약 흘러넘치는 양을 재는 일이 쉽지 않다면 대신 남아 있는 물의 양을 측정해도 괜찮다. 그때 물의 높이, 즉 흘러넘치고 난 뒤의 물의 높이는 처음 원기둥의 물의 높이의 $\frac{1}{3}$임을 짐작할 수 있다. 따라서 흘러넘치는 물의 양, 즉 구의 부피는 원기둥 부피의 $\frac{2}{3}$이다.

그러므로 구의 부피는 다음과 같다.

$$\frac{2}{3} \times (\text{원기둥의 부피}) = \frac{2}{3} \times (\pi r^2 \times 2r) = \frac{4}{3}\pi r^3$$

 교과 ## 겉넓이가 늘어나면 부피도 커지나?

둘레가 길어지면 넓이가 넓어질까? 겉넓이가 늘어나면 부피도 늘어날까? 답은 "아니다"이다. 이것은 마치 몸무게가 늘어나면 키도 덩달아 커진다고 생각하는 것과 같은 오류이다. 몸무게가 늘어났다고 해서 반드시 키가 커진 것은 아니지 않은가? 슬프게도 키와 상관없이 살이 쪄서 옆으로 늘어날 수도 있으니까 말이다.

우선 도형의 둘레가 길어질 때 넓이도 함께 넓어지는지 알아보자.

다음 그림과 같이 한 변의 길이가 3cm인 정사각형을 가로는 3cm만큼 늘리고 세로는 2cm만큼 줄여서 오른쪽 직사각형을 만들었다. 이때 직사각형의 둘레의 길이 14cm는 정사각형의 둘레 12cm보다 2cm가 더 길다.

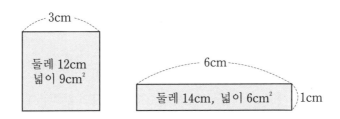

3cm

둘레 12cm
넓이 9cm²

6cm

둘레 14cm, 넓이 6cm² 1cm

하지만 직사각형의 넓이 6cm²는 정사각형의 넓이 9cm²보다 오히려 작아졌다. 이처럼 둘레의 길이가 늘어난다고 해서 넓이도 함께 늘어나는 것은 아니다.

이번에는 도형의 겉넓이가 늘어날 때 부피도 함께 늘어나는지 알아보자.

한 변의 길이가 2cm인 정육면체를 다음 그림처럼 잘라 한 변의 길이가 1cm인 정육면체 8개를 만들었다고 해보자. 이때 자르기 전 정육면체의 겉넓이는 한 변이 2cm인 정사각형이 6개이므로 $(2 \times 2) \times 6 = 24 (\mathrm{cm}^2)$ 이다.

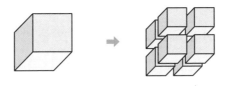

하지만 잘게 쪼갠 뒤 정육면체 8개의 겉넓이는 1cm인 정사각형이 48개이므로 $(1 \times 1) \times 48 = 48 (\mathrm{cm}^2)$이다. 따라서 겉넓이가 2배로 늘어났

음을 알 수 있다.

이때 부피는 어떤 변화를 가져올까?

자르기 전 정육면체의 부피는 $2 \times 2 \times 2 = 8\,cm^3$이고, 자른 후 정육면체의 부피는 $1 \times 1 \times 1 = 1\,cm^3$가 8개이므로 그것들의 부피는 $1 \times 8 = 8\,cm^3$로 똑같다. 이로써 겉넓이가 늘어난다고 해서 부피까지 늘어나는 것은 아니라는 것을 알 수 있다.

 ## _{교과} 음식물을 꼭꼭 씹어 먹어야 하는 이유

된장국을 매콤하게 끓이고 싶다면? 매운 고추 1개를 통째로 넣지 말고 잘게 잘라서 넣어야 한다. 왜 그럴까?

다음 그림과 같이 고추 1개를 잘게 자르면 자르기 전 고추와 비교했을 때 부피는 변함이 없다. 즉 몇 조각을 내더라도 전체 양이 늘거나 줄어들지는 않는다. 그러나 부피와 달리 전체 겉넓이는 달라진다.

고추에는 매운 맛을 내는 성분인 캡사이신이 있다. 이 캡사이신이 된장 국물과 만나면서 매운 맛을 내기 때문에 매운 맛을 원한다면 무엇보다 고추 속에 있는 캡사이신을 들춰 내야 한다. 즉 고추를 잘게 잘라서 고추의 겉넓이의 합을 키워야 한다. 이것은 음식물을 꼭꼭 씹어 먹을 때 소화액과 닿는 음식물 표면적_{겉넓이}을 넓게 하면 그만큼 분해되는 속도가 빨라져 소화가 잘 되는 것과 같은 원리이다.

이것을 수학적으로 따져 보자.

다음 그림과 같이 음식물 크기의 한 변의 길이가 2cm인 정육면체 모양이라면 음식물의 부피는 $2 \times 2 \times 2 = 8\,cm^3$이다.

이때 음식물을 한 번 씹을 때마다 그 크기가 반으로 쪼개진다고 가정하면 씹는 횟수에 따라 음식물의 쪼개진 모양은 다음 그림처럼 될 것이다.

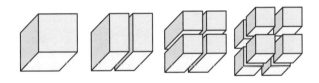

이때 염두에 둘 것은 쪼개진 것들을 다시 합치면 처음 모양과 같아지기 때문에 몇 번을 씹어도 음식물의 부피는 변함이 없다는 것이다. 그러나 씹어서 쪼개진 조각의 개수가 많아지면 많아질수록 전체 겉넓이의 합은 계속해서 늘어난다. 그 겉넓이를 씹는 횟수별로 계산해 보면 다음 표와 같다.

표에서처럼 횟수별로 겉넓이는 8cm³씩 늘어남을 알 수 있다.

이때 음식물의 전체 겉넓이는 소화액과 닿는 부분의 넓이와 같은 의미이므로 소화액을 많이 분비하게 하려면 음식물을 잘게 쪼개서 그들의 겉넓이의 합을 키워야 한다. 따라서 음식물을 꼭꼭 씹어 먹어야 하는 이유는 소화액과 닿는 부분의 넓이를 넓게 하여 소화를 잘되게 하기 위함이다.

참고로 감자나 고구마를 찔 때 약간 크다 싶으면 2등분, 아주 크다 싶으면 4등분해서 찜기에 넣은 이유도 같은 원리이다. 여러 조각을 내면 열에 닿은 부분에 해당하는 겉넓이가 넓어지므로 빨리 익기 때문이다.

씹는 횟수	씹기 전	1회	2회	3회
쪼개진 모양				
전체 겉넓이	한 변이 2cm인 정사각형이 6개이므로 $(2 \times 2) \times 6$ $= 24(\text{cm}^2)$	1cm, 2cm인 직사각형이 8개, 2cm, 2cm인 정삭각형이 4개이므로 $(1 \times 2) \times 8 +$ $(2 \times 2) \times 4$ $= 16 + 16$ $= 32(\text{cm}^2)$	1cm, 1cm인 정사각형이 8개, 1cm, 2cm인 직사각형이 8개 이므로 $(1 \times 1) \times 8 +$ $(1 \times 2) \times 16$ $= 8 + 32$ $= 40(\text{cm}^2)$	1cm, 1cm인 정사각형이 48개이므로 $(1 \times 1) \times 48$ $= 48(\text{cm}^2)$

※ 쪼개면 쪼갤수록 겉넓이는 늘어나지만 부피는 같다.

갑 : 사과 1개를 통째 먹는다.

을 : 사과 1개를 반쪽으로 나누어서 먹는다.

병 : 사과 1개를 네 쪽으로 나누어서 먹는다.

먹는 방법은 달라도 먹는 양부피은 사과 1개로 똑같다.

하지만 사과의 겉넓이는 다르다.

중1이 알아야 할 수학의 절대지식

1판 1쇄 2014년 1월 2일
6쇄 2018년 10월 5일

지 은 이 나숙자

발 행 인 주정관
발 행 처 북스토리
주   소 경기도 부천시 길주로 1 한국만화영상진흥원 311호
대표전화 032-325-5281
팩시밀리 032-323-5283
출판등록 1999년 8월 18일 (제22-1610호)
홈페이지 www.ebookstory.co.kr
이 메 일 bookstory@naver.com

ISBN 979-11-5564-011-1 44410
979-11-5564-010-4 (세트)

※잘못된 책은 바꾸어드립니다.

이 도서의 국립중앙도서관 출판시도서목록(CIP)은 e−CIP 홈페이지
(http://www.nl.go.kr/ecip)에서 이용하실 수 있습니다.
(CIP제어번호 : CIP2013025659)